金华市科技发展报告
（2023年）

金华市科技信息研究院　编著

科学技术文献出版社

·北京·

图书在版编目（CIP）数据

金华市科技发展报告. 2023年 / 金华市科技信息研究院编著. —北京：科学技术文献出版社，2024.4
　ISBN 978-7-5235-1364-4

Ⅰ.①金…　Ⅱ.①金…　Ⅲ.①科学研究事业—研究报告—金华—2023　Ⅳ.① G322.755.3

中国国家版本馆 CIP 数据核字（2024）第 098368 号

金华市科技发展报告（2023年）

策划编辑：陈梅琼　　责任编辑：张瑶瑶　　责任校对：张永霞　　责任出版：张志平

出 版 者	科学技术文献出版社
地　　址	北京市复兴路15号　邮编　100038
编 务 部	（010）58882938，58882087（传真）
发 行 部	（010）58882868，58882870（传真）
邮 购 部	（010）58882873
官方网址	www.stdp.com.cn
发 行 者	科学技术文献出版社发行　全国各地新华书店经销
印 刷 者	北京厚诚则铭印刷科技有限公司
版　　次	2024年4月第1版　2024年4月第1次印刷
开　　本	889×1194　1/16
字　　数	163千
印　　张	8.75　彩插10面
书　　号	ISBN 978-7-5235-1364-4
定　　价	58.00元

版权所有　违法必究

购买本社图书，凡字迹不清、缺页、倒页、脱页者，本社发行部负责调换

《金华市科技发展报告（2023年）》编辑委员会

编委会主任 陈 夙

编委会副主任 胡卫国 赵洪亮 方黎明（女） 陈 英
　　　　　　　　郎荣旗 黄锡锋 方黎明

编委会成员（按姓氏笔画排序）
　　　　　　　　朱 婵 李长虹 来 怡 应炉平 汪祖富
　　　　　　　　陆军雄 陈阳兵 洪文华 管 明

主　　　编 陈 夙
副 主 编 钱卓瑛 王林强 石庭深
编写组成员（按姓氏笔画排序）
　　　　　　　　方玉婷 冯纪胜 肖玲君 吴军勇 邱 圆
　　　　　　　　何静静 应雪飞 沈丹妮 宋 凯 陈心贝
　　　　　　　　胡彩霞 姜 群 黄敏萱

2023年11月20日,省委书记易炼红考察调研浙江寿仙谷医药股份有限公司等科技企业。他勉励企业进一步提升研发能力,寻求技术突破,打造行业龙头企业、链主企业,推动产业升级。

2023年11月17日,省委副书记、省长王浩调研吉利高端新能源汽车项目等重大项目建设情况。他强调,要强化重大项目谋划招引,以"415X"先进制造业集群培育、"315"科技创新体系建设、服务业高质量发展"百千万"、世界一流强港和交通强省建设等为重点,高质量谋划实施一批大项目、好项目。

2023年11月14日,省科技厅党组书记佟桂莉调研浙江大学金华研究院、浙江光电子研究院等浙中科创走廊标志性平台情况。她强调,要坚定不移走科技创新引领高质量发展之路,聚焦科技"无人区""高精尖"领域,持续加大研发投入力度,以全球视野整合技术资源,精准引育高层次科研团队,深化产学研协同创新,加快突破一批"卡脖子"技术难题,不断提升企业自主创新力和国际竞争力。

2023年3月21—22日,市委书记朱重烈专题调研浙中科创走廊重大科创平台。他强调,要高度重视重大科创平台建设,抓住浙中科创走廊纳入全省四大科创走廊布局的重要机遇,集聚高端创新资源要素,推进产业链创新链深度融合,不断提升重大科创平台能级,增强现代都市区硬核实力。

2023年12月8日,时任市委副书记、市长邢志宏在浦江调研盈旺新能源精密结构件项目。他强调,要紧抓科技创新"金钥匙",充分发挥企业主体作用,鼓励企业加大研发投入,以创新引领"单项冠军""隐形冠军""专精特新"企业成长,努力让科技创新"第一动力"脉动得更加强劲。

2023年9月19日,章旭升副市长带队调研师大创新城和中央创新城重大科创平台建设情况,市科技局局长陈夙参加。他强调,要进一步深化校地合作,依托浙大、浙师大的学科、人才、平台优势,为金华科创平台导入更多优质科创资源;加快推进浙江产业光源建设,把产业光源建设作为"一廊六城"的"一号项目",集中人力、精力、财力加快推进,建立更科学严密的管理机制,努力以"一域之光"为全市添彩。

2023年1月4日，全市科技工作会议召开，会议深入贯彻党的二十大精神，回顾总结2022年科技创新工作，研究部署2023年目标任务。

2023年4月30日，以"新时代 新金华 新发展"为主题的第三届金华发展大会召开，千余名来自海内外的科教界、工商界、金融界精英翘楚，知名人士，"新金华人"代表和金华籍优秀学子代表欢聚一堂，共襄盛会，共谋发展。

2023年4月19—21日，首届国际科技开放合作大会（浙江）在金华成功举办，大会以"开放创新 共享发展"为愿景，来自14个国家的400余名国内外知名专家学者、企业家和投资人，围绕生命健康和智能制造融合创新开展对接交流，分享全球最新行业科技资讯、创新创业经验和先进技术成果。

2023年11月24—27日，以"量子之光 点亮未来"为主题的2023国际量子光子学大会在金华举办，来自美国、英国、德国、法国、日本、奥地利、瑞典、新加坡、意大利、丹麦、澳大利亚等16个国家和地区的50余名境外专家与嘉宾一起聚焦量子计算、量子通信、量子精密测量和相关产业开展学术研讨和应用对接，是国内量子光子学领域举办的规模最大、规格最高的学术盛宴。

2023年,浙江寿仙谷医药股份有限公司的"灵芝全产业链高品质加工关键技术及产业化"科研成果荣获浙江省科学技术进步奖一等奖。该技术成果创新性强、应用性广,从基础理论、自主品种选育、高品质精深加工到产品创制,全产业链整体技术创新性强;在功能营养成分靶向育种的理论与技术、孢子破壁去壁加工新技术、高含量高功能孢子粉的新产品等方面显著创新。

2023年,浙江大学医学院附属第四医院肺癌中心王凯教授作为第一完成人的"肺癌精准诊疗关键技术创新及应用"科研成果荣获浙江省科学技术进步奖一等奖。团队致力于肺癌精准诊疗技术研究,阐明了调控肺癌发生发展的多个关键靶点,创建了肺癌早诊预警及评估系列模型,发明了肺癌早筛试剂盒,提出了肺癌精准诊疗的新策略,成果在全国范围推广应用,极大提升了肺癌综合诊疗水平。

2023年2月23日，2022年全国颠覆性技术创新大赛总决赛在杭州落幕，由浙江大学求是讲席教授、药学院院长，浙江大学金华研究院院长顾臻博士领衔的项目"Easy cell-CAR-T细胞递送器械引领者"获总决赛优胜奖，该项目正在浙江大学金华研究院转化。

浙江凤登绿能环保股份有限公司的"高浓度有机废液高温熔融制合成气技术"被列入科技部发布的《国家绿色低碳先进技术成果目录》，体现了绿色低碳技术发展的主要方向，可为当前和未来的生态环境治理、碳减排提供新的解决方案。

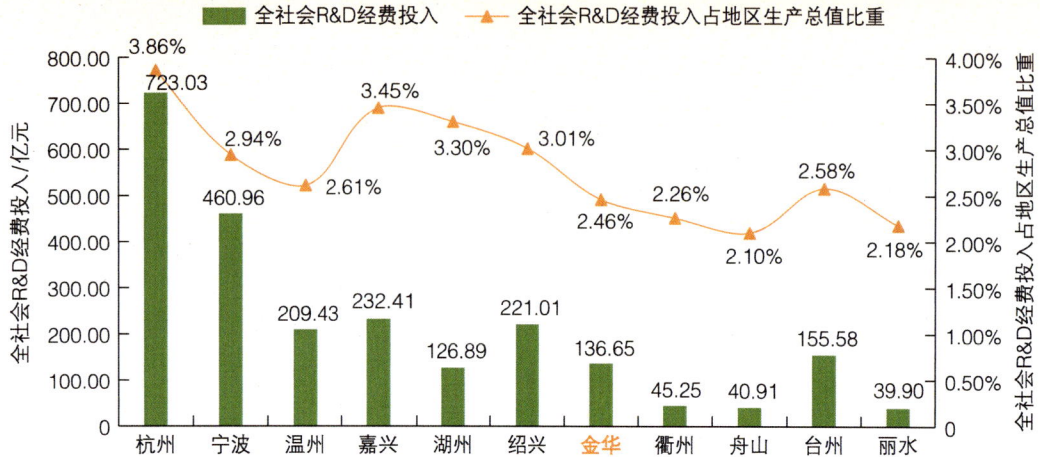

图 1 浙江省设区市全社会 R&D 经费投入及其占地区生产总值比重
（最新数据截至 2022 年底）

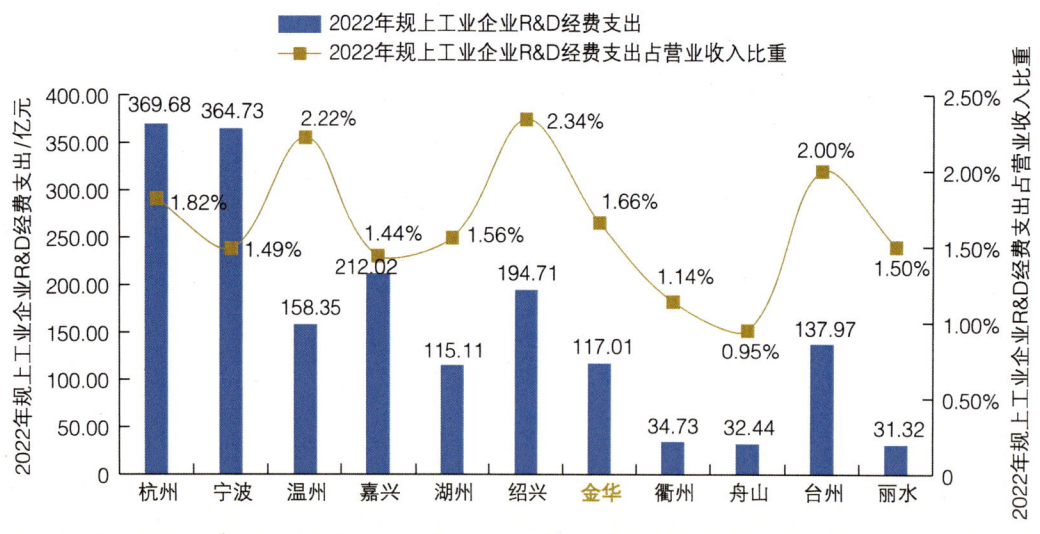

图 2 浙江省设区市规上工业企业 R&D 经费支出及其占营业收入比重
（最新数据截至 2022 年底）

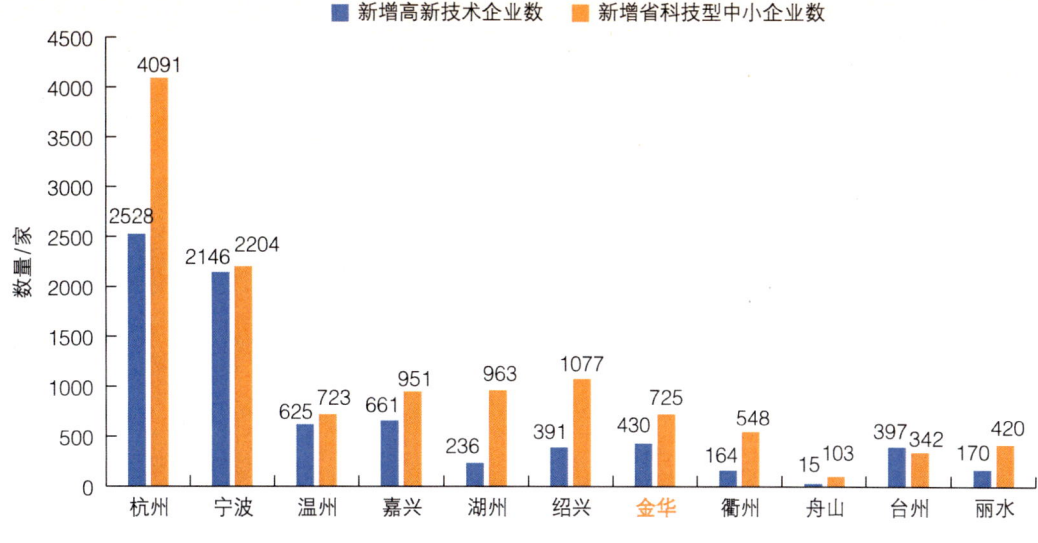

图3 浙江省设区市新增科技企业（最新数据截至2022年底）

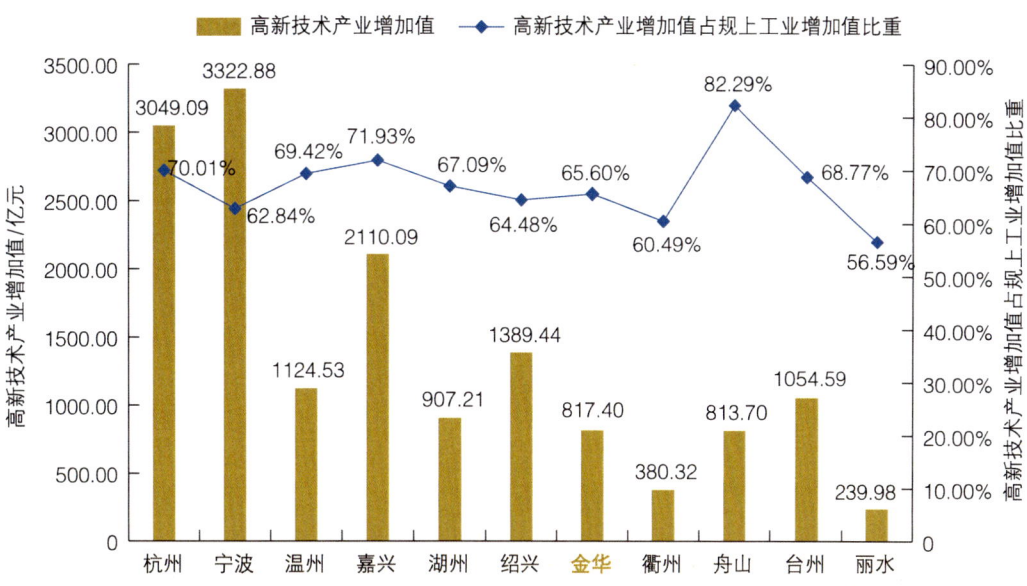

图4 浙江省设区市高新技术产业增加值及其占规上工业增加值比重

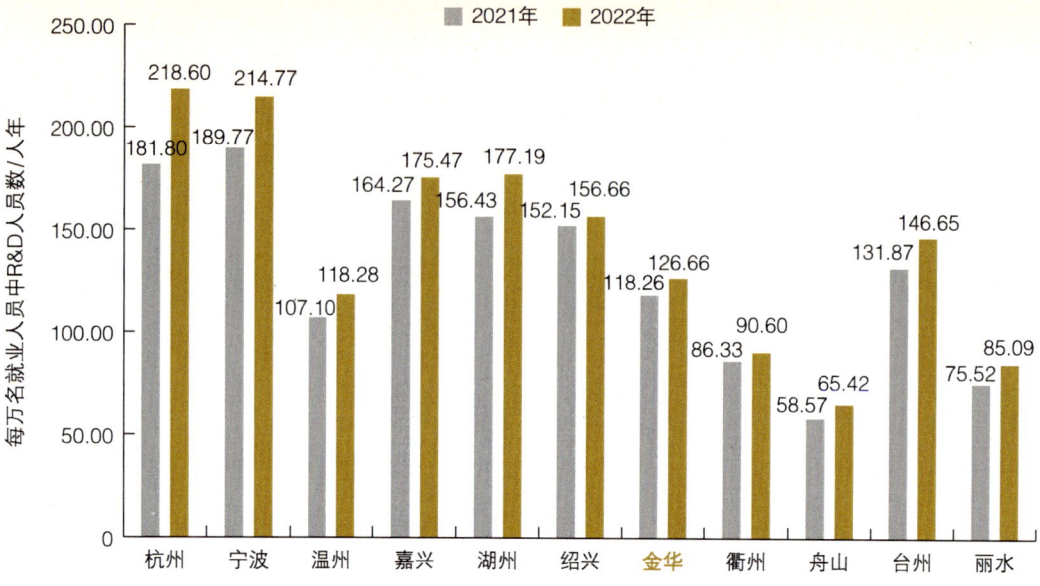

图 5　浙江省设区市每万名就业人员中 R&D 人员数
（最新数据截至 2022 年底）

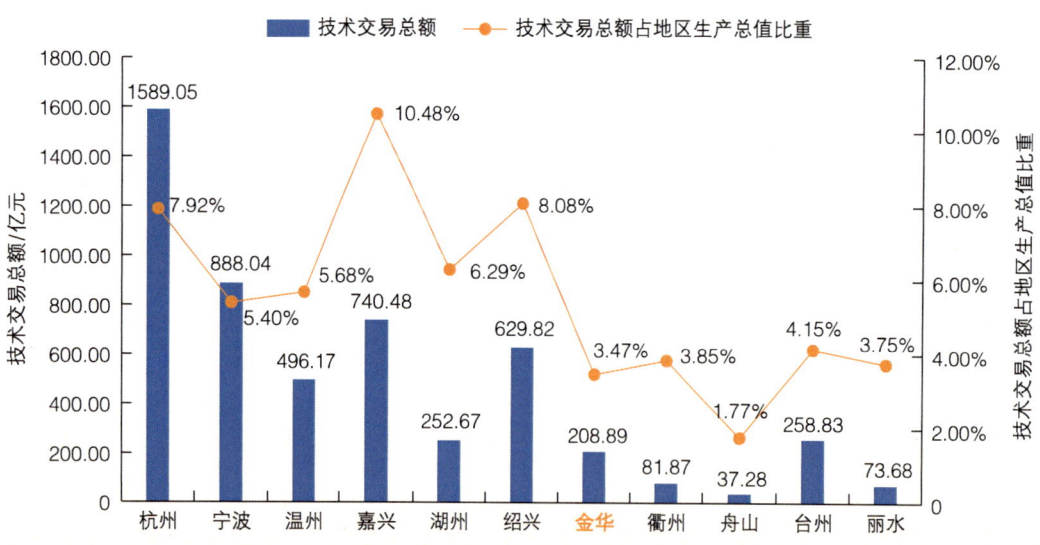

图 6　浙江省设区市技术交易总额及其占地区生产总值比重

前 言

2023年是全面贯彻落实党的二十大精神开局之年、"八八战略"实施20周年、"重要窗口"打造5周年。在习近平新时代中国特色社会主义思想指引下，在金华市委、市政府坚强领导下，全市科技系统深入贯彻落实省市决策部署，聚焦落实三个"一号工程"，坚持在创新深化上下"怎么也不为过"的功夫，深入推进省"315"、市"336"科技创新体系攻坚行动，高质量建设浙中科创走廊"创新之钥"，推动标志性科技基础设施持续突破，成功举办首届国际科技开放合作大会（浙江）、首届国际量子光子学大会，"以科创走廊打造教育科技人才一体化推进承载区"列入首批省级创新深化试点，科技创新工作交出了亮丽成绩单，取得了历史性成就。

2023年，全市高新技术产业投资额415.65亿元，同比增长48.0%，高于全省平均增速26.9个百分点，高于全市固定资产投资增速29.5个百分点，居全省第2位；全市规上工业企业研发费用占营业收入比重为3.42%，高于全省平均水平0.29个百分点，居全省第4位。2022年，全市科技创新指数排名前移1位，R&D经费投入强度提升幅度排名全省第二。国家创新型城市排名实现争先进位。

习近平总书记考察浙江期间，对浙江提出"在以科技创新塑造发展新优势上走在前列"的新要求。特别是习近平总书记在浙江考察期间亲临金华调研时，赋予金华"根据实情、发挥优势、扬长补短、再创辉煌"的时代使命，全方位、全景式解答了高质量赶超发展的大局大势如何把握、鲜明标识如何擦亮、瓶颈制约如何突破、底蕴精髓如何彰显等大命题和新课题，为我们当前及今后一个时期做好科技创新工作指明了方向、提供了根本遵循。

日月其迈，时盛岁新。全市科技系统将深入学习贯彻习近平总书记考察浙江重要讲话精神和考察调研金华重要指示精神，坚决扛起时代使命，以浙江省"315"科技创新体系建设为引领，加快以科技创新推动产业创新，谋划实施科创走廊提能升级工程、"十百千万"科创赋能工程、"量质并进"产研融合工程、"三位一体"人才牵引工程、"一链五端"成果转化工程等五大工程，推动科技创新工作点上突破、线上推进、面上提升，一体推进现代产业数实融合、科教人才高效转化、教育科技人才深入贯通，加快形成新质生产力。

目 录

第一部分 专题篇

第一章 自主创新环境建设 ········· 3

  一、市委科技强市建设领导小组 ········· 3
  二、科技政策 ········· 3
  三、创新型城市 ········· 6

第二章 科技计划 ········· 7

  一、项目攻关 ········· 7
  二、全社会研发投入 ········· 8
  三、科创基金 ········· 8
  四、科学技术奖 ········· 8

第三章 科技创新平台与载体 ········· 10

  一、浙中科创走廊 ········· 10
  二、新型研发机构 ········· 18
  三、新型实验室 ········· 20
  四、技术创新中心 ········· 21

第四章 工业科技 ··· 24

    一、科技型企业 ··· 24

    二、科技孵化器 ··· 26

    三、众创空间 ··· 26

    四、高新区 ··· 27

第五章 农业与农村科技 ··· 28

    一、农业新品种选育 ··· 28

    二、农业科技创新载体 ··· 28

    三、科技特派员 ··· 28

第六章 社会发展领域科技 ··· 30

    一、生命健康 ··· 30

    二、碳达峰碳中和 ··· 31

第七章 科技成果转化 ··· 33

    一、科技成果转化体制机制 ··· 33

    二、产贸牵引的"教科人"一体化 ··· 33

    三、概念验证中心 ··· 34

    四、科技大市场 ··· 35

    五、揭榜挂帅 ··· 35

    六、技术交易 ··· 35

第八章 科技合作与交流 ··· 37

    一、国际科技合作 ··· 37

    二、长三角 G60 科创走廊 ··· 37

    三、与大院名校的科技合作 ··· 38

    四、科技对口帮扶与协作 ··· 39

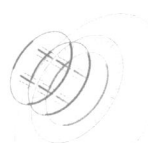

第九章　科技宣传与科学普及 ··· 40

　　一、科技宣传 ·· 40

　　二、科学普及 ·· 41

第十章　科技管理 ·· 44

　　一、科技党建 ·· 44

　　二、科技创新人才与团队 ··· 46

　　三、数字化改革 ··· 46

第二部分　县（市、区）篇

第十一章　婺城区 ··· 49

第十二章　金义新区 ·· 55

第十三章　兰溪市 ··· 59

第十四章　东阳市 ··· 61

第十五章　义乌市 ··· 65

第十六章　永康市 ··· 70

第十七章　浦江县 ··· 75

第十八章　武义县 ··· 80

第十九章　磐安县 ··· 84

第二十章　金华开发区 ·· 89

第三部分　附　录

附录一　2023年金华科技大事记 ·· 97

附录二　2022年度金华市获浙江省科学技术奖项目（获奖者）情况 ························· 117

附录三	2023年度优秀特派员名单	119
附录四	2023年度省"尖兵领雁"项目	120
附录五	2024年浙中科创走廊十大标志性项目基本情况	122
附录六	2023年县（市、区）专利与PCT情况	126

第一部分

专题篇

第一章　自主创新环境建设

一、市委科技强市建设领导小组

2022年经市委、市政府批准成立了市委科技强市建设领导小组和浙中科创走廊建设指挥部。市委科技强市建设领导小组全面组织、指导、协调、推进科技强市建设工作，研究审议全市科技发展战略、重大规划、重大政策、重大改革、重大平台、重大项目等，统筹推进全市科技体制改革和创新体系建设工作，重点推进浙中科创走廊、金华高新技术产业园区和国家创新型城市建设工作，协调全市涉及科技的重大事项，加快补齐科技短板，坚决打赢科技创新翻身仗。

2023年2月13日，市委科技强市建设领导小组成员单位第一次会议召开。会上指出，市委科技强市建设领导小组成立以来，全市科技创新工作领导力、统筹力进一步加强，各成员单位通过找准职能的"最大公约数"，寻求工作的"最佳结合点"，形成共建的"最强战斗力"，促进成果的"效益最大化"，初步形成了衔接顺畅、配合有效、互促共进的工作格局。各成员单位积极按照市委、市政府部署要求，进一步加强协同，切实增强责任感使命感紧迫感，在思想上凝聚共识、在行动上同频共振，真正形成共抓"大科技"的新局面，凝心聚力推进科技强市建设。

2023年，中共金华市委科技强市建设领导小组办公室印发了《关于成立金华市"336"科技创新体系建设攻坚行动工作专班的通知》《金华市科创平台能级提升三年行动计划（2022—2024）的通知》《金华市技术创新中心管理办法（试行）》《关于加强金华市市级飞地运营管理的实施意见》等文件。

二、科技政策

（一）制定《金华建设高水平科产贸融合国家创新型城市的总体方案》

为深入实施创新驱动发展战略，坚持科技创新首位战略，贯彻落实国家新一轮创新型城市建设和支持浙江高质量发展建设共同富裕示范区的部署要求，探索新时期创抓好新深化新路径，建设高水平科产贸融合国家创新型城市，以科技创新支撑引领高质量发展。中共金华市委科技强市建设领导小组印发了《金华建设高水平科产贸融合国家创新型城市的总体方案》

（金委科领〔2023〕2号）。该方案围绕推动"科技创新、产业升级、贸易开放"三元互促的目标，为新一轮国家创新型城市建设提供具有金华辨识度和全国影响力的"金华样板"。

（二）制定《浙中科创走廊建设2023年工作要点》

为深入学习贯彻落实党的二十大、省十五次党代会和市委八届三次全会精神，按照《浙中科创走廊发展规划》《浙中科创走廊建设三年行动计划（2022—2024）》《金华市2023年"336"科技创新体系建设攻坚行动方案》等要求，浙中科创走廊指挥部印发了《浙中科创走廊建设2023年工作要点》（浙中科创走廊〔2023〕4号）。文件明确了2023年浙中科创走廊建设以金华市"336"科技创新体系建设为核心，围绕推进金华科技城、义乌科技城全面跃升，推动浙中科创走廊建设全面起势的目标要求，扎实推进5个方面重点工作。

（三）制定《以科创走廊打造教育科技人才一体化推进承载区实施方案（2023—2025年）》

为深入实施创新驱动发展战略，贯彻落实全省深入实施"八八战略"强力推进创新深化改革攻坚开放提升大会精神，探索新时期创新深化新路径，建设高水平以科创走廊打造教育科技人才一体化推进承载区，印发了《以科创走廊打造教育科技人才一体化推进承载区实施方案（2023—2025年）》（金委科领办〔2023〕13号）。该方案以全市"一盘棋"站位进行整体谋划，聚焦金华"2+4+X"重点产业，确立了1张核心指标清单和1张架构图。

（四）制定《金华市2023年"336"科技创新体系建设攻坚行动方案》

为全面贯彻落实《浙江省"315"科技创新体系建设工程实施方案（2023—2027年）》，系统设计、整体推进金华市科技创新体系建设工程，根据《浙江省"315"科技创新体系建设工程2023年工作计划》《浙中科创走廊建设三年行动计划（2022—2024）》相关部署，制定《金华市2023年"336"科技创新体系建设攻坚行动方案》。该方案结合金华实际构建了以三大战略目标、三大科创高地和六大战略领域为重点的科技创新体系。

（五）制定《金华市科技产业人才发展规则（2023—2025）》

为完善科技人才队伍建设，根据"2+4+X"重点产业发展导向，围绕重点科创平台建设需求，金华市科技局印发了《金华市科技产业人才发展规则（2023—2025）》（金市科〔2023〕58号）。文件围绕资源配置、环境建设、人才引育、制度保障等方面促进人才队伍发展壮大，为全面实施科技创新和人才强省首位战略、加快建设高水平创新型省份、加快创新型城市建设,努力打造浙中西部人才科创中心高地、打造国际中心枢纽城市提供强劲动力。

(六)制定《关于加强金华市市级飞地运营管理的实施意见》

为进一步提升市级飞地的运营管理效率,打造创新创业新高地,赋能金华经济高质量发展,根据《关于加强驻外招商引才工作的意见》(金政办发〔2021〕54号)等精神,中共金华市委科技强市建设领导小组办公室、金华市投资促进工作领导小组办公室印发了《关于加强金华市市级飞地运营管理的实施意见》(金委科领办〔2023〕3号),围绕飞地运营管理明确了部门职责分工等有关规定。

(七)制定《金华市重点实验室建设与管理办法(试行)》

为加快补齐创新驱动短板,全面落实《中共金华市委 金华市人民政府关于实施科技创新首位战略建设高水平创新型城市的意见》,加强规范金华市重点实验室建设和运行管理。为优化配置创新资源,根据国家和省重点实验室管理办法,结合金华市实际,金华市科技局印发了《金华市重点实验室建设与管理办法(试行)》(金市科〔2023〕6号)。该办法针对满足认定评价指标体系条件的重点实验室按绩效指标体系进行估值评分。

(八)制定《金华市技术创新中心管理办法(试行)》

为深入实施创新驱动发展战略,加快构建市"510"重大科创平台体系,促进创新链产业链深度融合,根据《浙江省人民政府办公厅关于加强技术创新中心体系建设的实施意见》(浙政办发〔2021〕12号)、《浙江省科学技术厅关于印发浙江省技术创新中心建设工作指引(试行)的通知》(浙科发高〔2022〕5号)、《金华市科创平台能级提升三年行动计划(2022—2024)的通知》(金委科领〔2022〕2号)有关精神,中共金华市委科技强市建设领导小组办公室印发了《金华市技术创新中心管理办法(试行)》(金委科领办〔2023〕16号)。该办法围绕技术创新中心的总体要求、建设条件、组建程序技术支持、保障措施及建议提纲等方面提出了有关要求。

(九)制定《2023年度浙中科创走廊建设县(市、区)差异化考核细则》

根据《浙江省"315"科技创新体系建设工程2023年工作计划》《浙江省科创走廊高质量发展评价指标体系(试行)》《金华市2023年"336"科技创新体系建设攻坚行动方案》

《金华市科创平台能级提升三年行动计划（2022—2024）》《浙中科创走廊建设三年行动计划（2022—2024）》等相关文件要求，浙中科创走廊建设指挥部印发了《2023年度浙中科创走廊建设县（市、区）差异化考核细则》（浙中科创走廊〔2023〕5号）。该文件针对浙中科创走廊"六城"所在县（市、区）和浙中科创走廊联动区，以差异化任务和共性工作两部分及涉及的具体情况进行考核设置分值。

（十）制定《关于成立金华市"336"科技创新体系建设攻坚行动工作专班》

为全面落实"十项重大工程"有关部署，根据《金华市2023年全面落实省"十项重大工程"攻坚行动方案》（金政办发〔2023〕9号）精神，中共金华市委科技强市建设领导小组办公室印发了《关于成立金华市"336"科技创新体系建设攻坚行动工作专班的通知》（金委科领办〔2023〕8号），整合部门资源定人、定位、定责推进工作落实。

三、创新型城市

2024年1月，科技部科学技术信息研究所发布《国家创新型城市创新能力评价报告2023》（简称《报告》），对全国101个地级及以上国家创新型城市的创新能力进行了综合评价。金华市创新能力指数为48.46，列第60位，较上一年提升了3位。

《报告》指出，金华市属于创新增长极类别城市，在48个该类别城市中排第32位，科技创新较为活跃，对高质量发展支撑作用较强。但从创新能力构成看，金华市创新治理力、成果转化力有待提升；从具体指标看，在高新区发展、人才培养、开放创新等方面存在明显的短板。

《报告》评价指标体系划分为5个维度30项具体评价指标，主要采用2021年度数据。金华市创新治理力为50.78，列第60位；原始创新力为23.66，列第91位；技术创新力为52.57，列第43位；成果转化力为49.26，列第59位；创新驱动力为66.02，列第26位。

30项具体评价指标中，表现较好的4项指标（列全国前20位指标）是：规上工业企业新产品销售收入与营业收入比重（39.34%），列第10位；居民人均可支配收入（6.74万元/人），列第15位；地区生产总值与固定投资之比（2.92），列第16位；技术输入合同成交额与地区生产总值之比（4.38%），列第17位。

《报告》还同期发布了全国城市创新能力百强榜，对297个地级市及以上城市的创新能力进行了评价，金华市列第61位，较上一年进步5位。

第二章 科技计划

一、项目攻关

2023年度，全市财政科技支出33.34亿元，比上年增长18.8%。列入市级以上科技项目1569项，其中，市级科技计划项目661项［"发动机凸轮轴瑕疵视觉检测装备研发"等10个项目（表1-2-1）列入2023年度金华市科技计划主动设计项目，"基于新型分离膜的高效印染废水脱色技术研究"等344个项目列入2023年度金华市重大（重点）科技计划项目，"城轨车辆车轮高精度智能检测关键技术研究"等307个项目列入2023年金华市公益性技术应用研究项目］；省级科技项目836项（省"尖兵""领雁"项目15项，省自然科学基金项目50项，省级新产品试制计划项目762项，省软科学研究计划项目7项，中央引导地方科技发展资金项目2项）；国家级科技项目72项（国家重点研发计划项目5项，国家自然科学基金项目67项）。争取上级科技资金1.67亿元。

表1-2-1 2023年度金华市科技计划主动设计项目

序号	计划编号	项目名称	承担单位	负责人	项目类别	实施期限	区域
1	2023-1-001a	发动机凸轮轴瑕疵视觉检测装备研发	浙江师范大学	王冬云	工业主动设计	2023.6—2026.5	市属
2	2023-2-001a	茭白高效生产关键环节作业装备研发	金华市农科院	费焱	农业主动设计	2023.6—2026.5	市属
3	2023-2-001b	高产优质抗逆甘薯新品种选育及机械化栽培技术研究	金华市农科院	程林润	农业主动设计	2023.6—2026.5	市属
4	2023-3-001a	面向城乡协同的普惠医疗服务平台研制	金华市中心医院	杜金林	社发主动设计	2023.6—2026.5	市属
5	2023-3-002a	金华市重点流域水体中持久性有机污染物监测与修复关键技术研究	浙江省金华生态环境监测中心	曲平	社发主动设计	2023.6—2026.5	市属
6	2023-3-003a	面向可追溯个性化智慧在线教育的关键技术研究	浙江光电子研究院	李明	社发主动设计	2023.6—2026.5	市属

续表

序号	计划编号	项目名称	承担单位	负责人	项目类别	实施期限	区域
7	2023-1-002a	面向中远途重卡需求的燃料电池发动机研发	金华氢途科技有限公司	周鸿波	工业主动设计	2023.6—2026.5	婺城区
8	2023-1-003a	轻型商用车用手动变速器研发	浙江万里扬股份有限公司	陆晓平	工业主动设计	2023.6—2026.5	婺城区
9	2023-1-004a	大功率长寿命金属型氢燃料电池发动机系统的研发	畔星科技（浙江）有限公司	周科	工业主动设计	2023.6—2026.5	金义新区
10	2023-1-005a	电动工具中轴类异型精密零件瑕疵视觉检测装备的开发设计	武义智能制造产业技术研究院	杜万和	工业主动设计	2023.6—2026.5	武义县

二、全社会研发投入

实施全社会研发投入提升行动。引导企业、高校院所、科研机构等不断加大研发投入。2022年，金华市全社会研发投入经费136.65亿元，同比增长13.0%，总量居全省第7位；全社会研发投入经费占GDP比重为2.46%，居全省第8位，较2021年提升0.2个百分点，提升幅度居全省第2位。2023年度金华市兑现研发后补助4.37亿元，惠及企业1532家。

三、科创基金

2023年，金华市科技信贷贷款余额超57亿元，备案各类科创基金8支，金额约50亿元。一是积极参与省基金建设。省"4+1"专项基金群——浙江省科技创新母基金（二期）组建合伙协议在义乌签约，总规模为30.02亿元，主要围绕"互联网+"、生命健康、新材料三大科创高地，聚焦云计算与未来网络等十五大战略领域、"9+6"未来产业进行投资，撬动社会资本"投早、投小、投科技"。二是发挥市本级创新基金作用。市本级由市金投集团牵头组建了2支基金，参与组建了科创领域母基金1支、子基金4支，基金总规模96.22亿元，累计对外投资17.24亿元，对外投资项目49个，助力推动金华市在科创企业数量和质量上实现大的突破。三是加快推进概念验证基金和种子基金建设。以"投早、投小、投科技"理念为引领，服务支撑科技创新成果产业化，促进科技企业孵化和项目落地。

四、科学技术奖

2023年11月，全省创新深化大会颁发2022年度浙江省科学技术奖，金华市共有15个项

目获奖,其中以第一完成单位获得的奖项有9个,创历史新高。金华获奖名单呈现出以下两个特点:

(一)民营企业占主流

民营企业有11个项目获奖,意味着金华市企业技术创新能力持续提高,创新质量显著提升。例如,获评浙江省科学技术进步奖一等奖的"灵芝全产业链高品质加工关键技术及产业化"项目,以浙江寿仙谷医药股份有限公司为第一完成单位;获评浙江省科学技术进步奖二等奖的"Micro—LED显示芯片核心技术研究及产业化"项目,以华灿光电(浙江)有限公司为第一完成单位。此次获奖的技术成果创新性强、应用性广,在行业内影响深远。

(二)浙中科创走廊成果丰硕

浙中科创走廊在推动科技成果就地、高效转化方面可圈可点,共涉及9个项目。例如,位于义乌科技城的浙大四院,其"肺癌精准诊疗关键技术创新及应用"项目获评浙江省科学技术进步奖一等奖;位于义乌光电创新城的浙江爱旭太阳能科技有限公司,其"高效率低成本P型单晶PERC太阳电池产业化关键技术"项目获评浙江省科学技术进步奖三等奖。

第三章　科技创新平台与载体

一、浙中科创走廊

2023年，浙中科创走廊"创新之钥、核心引擎"成效逐步明显，平台体系初具雏形，标识度持续提升，磁吸效应逐渐显现。"产贸牵引的'教科人'一体化资源配置"入选科技部城市创新发展典型案例，"以科创走廊打造教育科技人才一体化推进承载区"列入首批省级创新深化试点；科创走廊一体化推进机制逐步完善，指挥长办公会、联络员会议定期落实。走廊呈现出"6、7、8、9、10"的创新策源效应，集聚了金华60%的科技企业、70%的高新技术产业、80%的重点研发项目、90%的高层次人才和100%的省级以上科创平台，对金华科技创新和辐射带动区域发展的作用凸显。

（一）"六城"

2023年，金华科技城、义乌科技城、师大创新城、金兰创新城、光电创新城、中央创新城紧紧围绕金华市委市政府、浙中科创走廊"一廊六城"战略部署和"166"工作体系要求，充分发挥自身资源禀赋，着力培育新科技、新产业、新增长极，共谱"六城"发展曲，高质量发展雏形初具、成效初显。

1.金华科技城

金华科技城以打造浙中创新策源核心区和金华全面融入长三角G60科创走廊、链接外部高端资源、引领浙中区域创新发展的核心引擎为使命。2023年，金华科技城创新平台矩阵初步建成、信创产业集群规模初具，初步成为引领浙中科创走廊高质量发展的主平台。

①浙中创新策源基础不断夯实。初步形成了1个大科学装置（浙江产业光源）、1个实验室（浙中实验室）、5个新型研发机构（浙江大学金华研究院、浙江中医药大学金华研究院、北航金华北斗应用研究院、新材料与产业技术北京研究院金华分院、金华市智能制造研究院）、2家高校（金华理工学院、金华市技师学院）为主体的"1+1+5+2"创新平台矩阵。

②信创产业集群规模初具。大力发展信创及V类硬件产业，2023年信创产业产值超60亿元。目前信创产业平台被列入第三批浙江省"万亩千亿"新产业平台培育名单，拥有浙江龙芯智慧产业园、金华科技城·浙大网新科技产业孵化园、城投科技孵化园等泛信创产业孵

化平台 11 个。

③创新人才集聚效应日趋明显。集聚院士（国内外院士储备）12 名，国家级、省部级特聘专家、市级"双龙"专家 50 余名，成功申报国家"万人计划"专家、国家级引才计划专家、国家火炬计划人才、省级"万人计划"专家 20 余名，拥有凯富博科、畔星、浙江中医药大学金华研究院等省领军型创新创业团队 3 个、省级以上研发团队 6 个。

2. 义乌科技城

义乌科技城着力建设"两研究院两学院"，打造教科人融合示范地。2023 年，义乌科技城在科创平台建设、产学研合作、国际开放合作等方面成效逐步显现。

①科创平台建设取得新成效。浙江大学"一带一路"国际医学院启用，与浙江大学医学院附属第四医院、浙江大学国际健康医学研究院"三院一体"模式正式构建，浙大国际健康医学研究院已申报省级重点实验室，积极筹建国家生物药技术创新中心等高能级科研平台。

②产学研合作再上新台阶。发挥浙大国际健康医学研究院、复旦大学义乌研究院两大省级新型研发机构和中国计量大学现代科技学院等作用，与中在医疗等企业共建联合研发转化中心、联合（研发）实验室等各类平台超 15 家，2023 年开展产学研合作项目 50 余项，横向合作经费超 2000 万元。浙江大学国际健康医学研究院王凯教授团队"肺癌精准诊疗关键技术创新及应用项目"获浙江省科学技术进步奖一等奖，复旦大学义乌研究院获中国材料研究学会科学技术奖一等奖（科技进步类），国家高性能医疗器械创新中心和中国医疗器械行业协会评选年度十大生物医学工程创新高地奖。

③国际开放合作进入新阶段。依托浙江大学"一带一路"国际医学院，招录来自泰国、加拿大、巴西、哈萨克斯坦、意大利、埃及等 25 个国家的 MBBS 项目本科生 93 人。浙江大学国际健康医学研究院获批"浙江–丹麦再生与衰老医学联合实验室"，成为国家生物药技术创新中心"一带一路"国际合作基地。中国计量大学现代科技学院挂牌设立中东欧研究院、浙江–捷克布拉格丝路学院义乌分中心、浙江省国际科技合作基地，正式开启国际化交流合作。

3. 师大创新城

师大创新城聚焦"浙中科教高峰·未来科创中心"总定位，打造校地合作新典范区。2023 年，师大创新城依托浙江师范大学学科、人才等创新资源优势，大力推进高能级科创平台建设、校地产学研合作、创新创业人才集聚，校地合作高质量发展蓝图初步成型。

①浙江光电子研究院成效显著。研究院成功获批省新型研发机构、金华市重点实验室、浙江省博士后工作站，全职（柔性）引进博士及高级职称人员等各类研究人员 80 余人，已完成省重点实验室、省工程研究中心等高能级平台申报。拥有浙江省首套超高真空直线段原位测试仪器平台等省内涵盖材料、物理、化学、化工等学科和产业的高端研发平台。启动建设中国首个、国际第三个软 X 射线共振散射束线实验室——合肥光源金华线站。

②校地产学研合作持续深化。深化师大创新城建设领导小组与浙江师范大学校地联席会议机制，全力推进师大创新城与浙江师范大学无缝对接、通力合作。围绕先进钢铁、特种合金、轻合金等领域企业技术需求，联合浙江师范大学、长三角先进材料研究院（金属协会）等高校院所，举办产教融合暨智能制造成果对接会、企业技术需求交流对接会等，达成人才科技合作意向超2000万元。

③双创孵化载体建设加快推进。大力推进农业科技园区建设，婺城区绿色畜牧农业科技园区入选省科技厅省农业科技园区创建名单。推荐省级孵化器和众创空间各1家（县府里孵化器、婺州英才园众创空间）、市级众创空间2家，已建成科技企业孵化器（众创空间）、星创天地22家，总量居金华市首位。

4. 金兰创新城

金兰创新城高标准推动镁材料产业融合集群发展，聚力打造"镁好兰溪科创地"。2023年，金兰创新城"镁"好科创平台加快建设、"镁"好特色产业逐步成势、"镁"好双创环境逐步向好，"镁"好蓝图加快绘就。

①打造科创平台。重庆大学长三角（兰溪）镁材料研究院正式投运，已获批省新型研发机构，与高校和企业签订合作协议，共建联合实验室、产业中试基地。兰溪功能性新材料高新技术产业园区被认定为省级高新区，前三大主导产业营收规模超600亿元，引育康恩贝、盘毂动力、欣旺达等一批龙头企业。

②打造特色产业。签约盘毂动力年产100万台（套）新能源电驱动系统项目、兰芯泽年产3亿颗存储芯片封装测试项目、新明珠药业（兰溪）有限公司建设项目、华润英特现代中医药产业中心项目、博雷顿（兰溪）新能源工程机械有限公司电动装载机量产项目等项目10个，计划总投资26.5亿元。选派年轻干部赴上海驻点招商，积极承接上海、杭州、南京等沿海发达城市产业转移和技术、人才、项目、资金等科技创新要素外溢，招引落地G60其他城市项目20余个。

③营造双创环境。研究出台《关于加快"镁好兰溪"建设的实施意见》等镁材料产业专项政策，在企业发展、人才引育、子女就学等方面给予专项政策扶持。依托50亿元的兰溪市产业基金，设立镁材料产业基金。成功举办2022年度国际镁科学技术奖颁奖典礼暨镁材料国际高峰论坛，中国工程院潘复生院士及近10名国际镁材料领域重量级专家参加。

5. 光电创新城

光电创新城以先进制造业为"硬核"、科技创新为"驱动"，聚力打造世界光明之都。2023年，光电创新城企业科技创新实力持续增强，创新资源加快集聚，主导产业实现规上产值超800亿元，超千亿产值的高能级光电产业集群雏形显现。

①以企业主导的研发平台建设表现亮眼。建成省级重点实验室1家（华灿光电浙江省

第三代半导体材料与器件重点实验室)、省级重点企业研究院3家(英特来光电LED半导体、华灿光电半导体新材料与器件、爱旭太阳能电池)、省高新技术企业研发中心40余家(2023年新增2家)、联合创新中心1家(爱旭全球光伏联合创新中心)。华灿光电省重点实验室拥有院士、省部及以上高层次人才、博士等近20名,积极创建全国重点实验室。爱旭全球光伏联合创新中心集聚了省部级高层次人才、硕博士等200余名,积极创建全省重点实验室。

②光电产业领域科技成果多点开花。爱旭科技成功认定为省科技领军企业,自主开发的N型光伏电池实验室电转化效率和N型光伏组件产业化效率技术水平全球领先,"高效稳定的大尺寸钙钛矿/硅叠层太阳电池及组件研发"项目入选2024年度"领雁"研发攻关计划项目,"高效率低成本P型单晶PERC太阳电池产业化关键技术"项目获浙江省科学技术进步奖三等奖。华灿光电的"Micro-LED显示芯片核心技术研究及产业化"项目产品研发技术引领行业发展,获浙江省科学技术进步奖二等奖。晶澳科技2023年度成功入选智能制造优秀场景名单。

③光电产业高质量发展后劲十足。集聚省重大产业项目47个,其中省特别重大产业项目12个,突破性诞生天合光能、爱旭太阳能、晶澳科技、晶科能源4家年产值超百亿元(其中2家超200亿元)光伏企业。新能源光伏产业协议投资额超1000亿元,全面建成达产后将实现年产值超1500亿元,光伏电池和组件的产能规模将分别达到83 GW和100 GW,位居全国前列。

6. 中央创新城

中央创新城坚持研发积聚、龙头引领、平台赋能,加快打造"先进制造集聚地、现代品质宜居城"的先行示范区。2023年,中央创新城全链条科技成果转移转化体系初步建成、产业链创新链融合持续深化、"教科人"一体化建设成效初显。

①聚焦成果转化,全链条体系初步建成。浙江大学-金华联合创新概念验证中心落户并正式揭牌运营,浙师大金开技术创新研究院签约落地并建成运营,浙江菁英电商产业园、阿里云创新中心(金华)分别获批国家级、省级科技企业孵化器。

②聚焦双链融合,高新产业竞争力不断增强。寰领医药、赛默制药等科技成果产业化项目成功落地,投资超30亿元。金华之心·数字经济产业园建设阶段性进展明显,已入驻信息经济、生物医药等相关科技企业超过200家,2023年园区实现营收超84亿元。

③聚焦创新深化,"教科人"一体化成效初显。联合金华职业技术学院、今飞集团成功创建首批省级市域产教联合体。浙江大学金华研究院研究生联合培养基地加快建设,获评药学专业学位研究生实践基地建设特色成果TOP10。新建院士专家工作站、博士后工作站2家,新增国家级人才5人、省级引才计划标准化认定4人。

（二）联动区

1. 东阳市

东阳市以"一校四中心"布局高质量推进东阳科技城建设。2023年，科创平台建设实现突破、创新主体培育实现突破、科技成果转化争先进位，深度融入浙中科创走廊建设成效明显。

①高能级平台建设实现"零"突破。上海大学东阳产业发展研究院实现长期入驻创新团队2个、成果项目落地3个，获批金华市博士创新站。与北大信研院成立北大信研院东阳概念验证中心，已入驻签约5个优质项目。东阳磁性电子高新区共有规上工业企业130余家，其中上市企业9家、亿元以上工业企业43家，2023年被正式认定为省高新区。

②科技企业培育实现"零"突破。新培育省科技领军企业1家、省科技小巨人企业3家、国家高新技术企业68家，木雕家居、建筑等传统特色产业实现国家高新技术企业"零"突破。企业研发机构设置率大跃升，从2022年的29.5%提升至2023年的55.6%。

③科技成果转化实现争先进位。"高精度磁编码器磁性材料设计与研发项目""化学药物制造关键技术研究项目"等7个项目入选2024年度"尖兵领雁"研发攻关计划立项项目。"精密永磁伺服电机与控制关键技术及应用"项目等4项成果获评2022年度省科学技术进步奖。

2. 永康市

永康市高质量推进"一核多芯"科创大平台建设，高端科创资源加快汇聚，助推五金产业转型升级。2023年，深度融入浙中科创走廊建设成效明显。

①"一核多芯"科创平台体系格局初具。长三角五金研究院、永康科创之芯（杭州）建成投用，中国科学院物理研究所先进电池研究院、苏州医工所生命健康研究院、永康五金产业研发数字验证中心、浙江大学－永康智能农机装备联合研究中心等多个创新子平台落地运行，初步形成了以长三角五金研究院为核心的"一核多芯"科创大平台格局。现代农业装备高新区获批省级高新技术产业园区。

②"联合出资挂榜"科研组织模式全省领先。建立农机装备智能控制与先进技术"联合出资挂榜制"，入围省高质量发展建设共同富裕示范区第三批试点，受邀赴国家发改委创新驱动发展中心介绍交流。成功举办永康科创之芯（杭州）启动仪式暨五金产业全球招才引智大会，现场共揭牌、签约5项研发机构和人才招引协议，面向全球发布了五金产业关键核心技术攻关"五峰计划"，获金华市委书记朱重烈批示"成效明显"。

③全链条科技成果转化体系初步形成。基本形成了以现代农机装备技术创新中心为核心的成果供给、以创新试验基地和数字验证中心为特色的中试熟化、以高新区和科技创新园区为重点的孵化产业化的"科技研究—概念验证—中试孵化—产业化"全链条成果转化平台体系。开展"科技架桥"，高质量举办国际工业设计大赛、工业设计展、高新技术成果展

等活动，与西安交通大学、浙江工业大学等40多家高校院所建立合作，推动200余名科技人才以项目落地转化、技术协同攻关、人才联合培养等形式落地永康，成果转化产值超200亿元。

3. 浦江县

浦江县聚力推进浦江县科技创新园、浦江（杭州）科创中心、浙江大学金华研究院浦江科创中心等建设。2023年，加速融入浙中科创走廊，发展趋势向好。

①浙江大学金华研究院浦江科创中心、浦江（杭州）科创中心建设稳步推进。浙江大学金华研究院浦江科创中心累计招引科技型企业5家，柔性引进科研团队3个，签约孵化项目和产业化落地项目10项，与15家科研机构、协会等建立合作。依托浦江（杭州）科创中心，探索"孵化在杭州、产业在浦江"的科技孵化+产业化新模式，已入驻百川导体、菲尔特等3家企业，2023年菲尔特与加拿大院士骆静利共建专家工作站。

②杭电浦江微电子与智能制造研究院建设成效初显。与博开机电、莱康生物、雷力仕等企业开展产学研合作项目10余项，合同金额达400余万元。与博开机电联合承担的省科技计划重点项目"智能型集成电路装备用低温真空泵的研制及产业化"促进了集成电路制造用装备的国产替代。杭电浦江微电子与智能制造研究院浦江研究生联合培养基地成功入选省级示范基地。

③浦江科技创新园建设加快。园区"服务+孵化+投资"的发展模式不断完善，累计共有企业87家（2023年新引进3家），培育规模以上企业4家，认定国家高新技术企业4家、省科技型中小企业13家，产业化落地企业10家，拥有"省千"人才、"863"重大项目首席科学家2名。

4. 武义县

武义县大力推进"一城一院一地"建设，加快融合浙中科创走廊。2023年，在科创平台建设、产学研合作、企业招引等方面取得积极成效，创新资源加快集聚。

①武义科技城建设持续推进。制定出台《武义科技城孵化区管理实施细则》，企业入驻率实现大幅提升，现有入驻企业170家，入驻率由2022年的46%提升至2023年的70%。积极创建武义先进装备制造高新技术产业园区，现有规上企业190家，其中超10亿元企业3家，超亿元企业56家，2023年被正式列入省级高新技术产业园区创建名单。

②武义智能制造产业技术研究院校地产学研合作成效明显。与西安电子科技大学、浙江师范大学、海康威视等近20家高校和企业先后建立联合实验室、人才培养基地等多个平台，开展产学研合作项目40余项，产学研合同金额超2500万元，成功获批浙江省院士工作站。2024年入选金华市科技计划主动设计项目、省"尖兵""领雁"研发攻关计划项目各1项。

③杭州武义"科创飞地"建设加快。以"科创飞地"为跳板加速撬动人才、成果等创新资源集聚，2023年飞地正式启用，目前已招引入驻企业28家，实现"研发在杭州、成果孵化产业化在武义"的创新模式。

5. 磐安县

磐安县大力推进磐安中药创新发展研究院、磐安中药产业园等建设，积极融入浙中科创走廊建设。2023年，在创新平台建设、"科产贸"融合等方面成效明显。

①创新平台能级不断跃升。磐安中药创新发展研究院已入驻浙江农林大学磐安—共富学院，获批共建浙江农林大学—磐安专业学位研究生联合培养基地，已集聚专家和硕博士等人才40余人。2023年由恒泰皇冠牵头的金华市智能物联电动工具技术创新中心列入金华市技术创新中心创建名单。浙江省磐安中药产业创新服务综合体连续3年获省级绩效评价优秀。

②"科产贸"融合场景加快打造。依托脉链集团，抢抓国内典型"产业带—中小—外向经济"产业转型升级契机，创造性发展"产业带+数字化+本地仓"联合新模式，形成"脉链联创中心+脉链产业数智园+天天脉交会+海外本地仓"的"科产贸"一体化融合场景。金磐脉链产业数智园加快建设，已入驻链主链员企业团队100余家，年产值超15亿元，为金华市先进制造业与现代服务业融合发展、智造品牌联合出海示范基地。

③重点研发项目持续推进。组织申报2024年省"尖兵""领雁"研发攻关计划项目3项，"大晟冬虫夏草智能化培植关键技术研究"列入浙江省2024年"领雁"研发攻关计划。积极推进"揭榜挂帅"行动，共揭榜91项，金额1.01亿元。举办科技赋能促共富—高分子材料塑料产业、中医药等科技成果对接会，达成合作意向45项。

（三）培育科技企业

2023年，浙中科创走廊新培育（重新认定）省科技领军企业3家、省科技小巨人企业9家、国家专精特新"小巨人"企业10家、上市企业5家、省"隐形冠军"企业7家，新增国家高新技术企业926家、科技型中小企业1508家、专精特新中小企业334家（表1-3-1）。举办第二届长三角G60科创走廊（浙江）科技孵化企业创新创业大赛，共吸引金华、杭州、嘉兴、湖州四地400多个创业项目报名参赛，其中浙中科创走廊孵化企业获一等奖1项（震嘉液压）、二等奖3项（智行云、恩利交通、树健科技）、三等奖2项（弗鲁克特、知路科技）。目前，浙中科创走廊已汇集龙芯中科、爱旭科技、康恩贝、寿仙谷、零跑汽车、万里扬等众多行业龙头企业，培育孵化了科惠医疗、闪铸科技、伊凯动力、硕和机器人等一大批优质科技企业。

表 1-3-1 2023年浙中科创走廊新增重点科技企业

序号	企业类型	企业名称	技术领域/主导产业	区域
1	省科技领军企业（3家）	浙江万里扬股份有限公司	新能源与节能	师大创新城
2		浙江爱旭太阳能科技有限公司	新能源与节能	光电创新城
3		横店集团东磁股份有限公司（重新认定）	电子信息	东阳市
4	省科技小巨人企业（9家）	浙江白马科技有限公司	先进制造与自动化	金华科技城
5		金华市亚虎工具有限公司	先进制造与自动化	金华科技城
6		浙江开尔新材料股份有限公司	新材料	
7		金华双宏化工有限公司	新材料	师大创新城
8		浙江盘毂动力科技有限公司	新能源与节能	金兰创新城
9		金华市蓝海光电技术有限公司	先进制造与自动化	中央创新城
10		浙江微度医疗器械有限公司	新材料	
11		浙江英洛华磁业有限公司	新材料	东阳市
12		浙江普洛康裕制药有限公司	生物与新医药	
13	国家专精特新"小巨人"企业（10家）	兰溪市博远金属有限公司	再生铝合金锭	金兰创新城
14		浙江辉煌三联实业股份有限公司	锯链、导板	中央创新城
15		金华永和氟化工有限公司	聚全氟乙丙烯（FEP）树脂	中央创新城
16		浙江月旭材料科技有限公司	色谱柱、填料	
17		浙江金象科技有限公司	钢铁压力容器	东阳市
18		东阳市顶峰磁材有限公司	钕铁硼磁体和永磁铁氧体节能电机磁瓦	
19		浙江道明光电科技有限公司	微棱镜型反光膜	永康市
20		浙江荣亚工贸有限公司	基于受控环境培育技术的无人化垂直植物工厂	
21		浙江百川导体技术股份有限公司	铜包钢护线条	浦江县
22		浙江浦江伯虎链条股份有限公司	高强度起重链条	
23	上市企业（5家）	浙江绿源电动车有限公司（02 451.HK）	电动车	金华科技城
24		浙江普莱得电器股份有限公司（301353.SZ）	电动工具	
25		浙江开创电气股份有限公司（301448.SZ）	电动工具	师大创新城
26		浙江中科磁业股份有限公司（301141.SZ）	烧结钕铁硼永磁材料、永磁铁氧体磁体	东阳市
27		浙江海森药业股份有限公司（001367.SZ）	化学药品原料药及中间体	

续表

序号	企业类型	企业名称	技术领域/主导产业	区域
28	省"隐形冠军"企业（7家）	浙江超浪新材料有限公司	热固性粉末涂料	金华科技城
29		义乌市双童日用品有限公司	饮用吸管	义乌科技城
30		金华市宝琳科技股份有限公司	活塞智能铸造浇铸工作站，智能铸造岛	师大创新城
31		金华市精工工具制造有限公司	金属工具箱（柜）	师大创新城
32		兰溪市捷克运动器材制造有限公司	自行车（电动）制动系统	金兰创新城
33		浙江环龙新材料科技有限公司	热塑性聚氨酯（TPU）薄膜	光电创新城
34		浙江埃森化学有限公司	二氯吡啶酸、氨氯吡啶酸	东阳市

二、新型研发机构

按照"政府加强引导、高校院所支撑、企业积极参与"模式，大力推进新型研发机构培育建设。2023年，新认定省级新型研发机构3家，累计达6家（表1-3-2）。从机构性质看，全部都是事业单位。从研究领域看，主要集中在生命健康、光电信息、新材料。从地域分布看，主要位于义乌市、开发区、婺城区、金义新区、兰溪市。

表1-3-2 浙江省省级新型研发机构

序号	名称	依托单位	区域
1	浙江大学国际健康医学研究院	浙江大学附属第四医院	义乌市
2	复旦大学义乌研究院	复旦大学义乌研究院	义乌市
3	浙江大学金华研究院	浙江大学金华研究院	开发区
4	浙江中医药大学金华研究院	浙江中医药大学金华研究院	金义新区
5	浙江光电子研究院	浙江光电子研究院	婺城区
6	兰溪市镁材料研究院	兰溪市镁材料研究院	兰溪市

2023年，浙江大学金华研究院各类专业人才数量较上年均有大幅提升，新增129人，其中：博士新增50人，硕士新增58人，高层次人才新增21人。研究院先后建立了先进药物递释系统全国重点实验室金华创新转化中心、光子集成芯片与应用研发实验室等一系列高能级科研实验平台。获批国家自然科学基金资助项目2个、中国博士后基金资助项目1个、"领雁"项目3个、省自然科学基金资助项目2个、省博士后科研项目择优资助项目2个。在金华市科技局的牵头下，研究院协同市金投、金义新区和金华开发区等组建政产学研联合科创

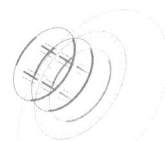

第三章 科技创新平台与载体

基金,首期规模10亿元,分药学方向和信创方向两支产业基金,每支基金各5亿元。

2023年,浙江光电子研究院成功获批金华市重点实验室、浙江省博士后工作站。完成浙江省首套超高真空直线段原位测试仪器平台的实验室装修,已成为省内涵盖材料、物理、化学、化工等学科和产业的高端研发平台。2023年1月,研究院启动中国首个、国际第三个软X射线共振散射束线实验室——合肥光源金华线站的建设,将是国内和长三角地聚焦高分子、纺织、生命医药、先进材料等轻质材料领域的顶级产学研平台。着手编制浙江(金华)产业光源项目建设书和可行性报告,申报"尖兵计划""领雁计划""浙江省基础公益研究计划项目"等省部级及以上科研项目近10项。研究院举办光电子论坛22场,成为宣传产业光源的核心学术阵地之一。

2023年,浙江中医药大学金华研究院获批省工程研究中心2个、金华市重点实验室1个。围绕金华市举办首届国际科技开放合作大会工作,发挥中医药"一带一路"优势,获批中医药免疫代谢国际联合实验室1个。科研成果"基于实时细胞分析系统的冬虫夏草菌粉二次开发"荣获2023年度中国民族医药学会科学技术奖二等奖。获立项国家自然科学基金面上项目1项、省基础公益研究计划1项、省"尖兵""领雁"研发攻关计划3项。浙中实验室与澳门科技大学中药质量研究国家重点实验室签署共建战略合作协议,与中国计量大学标准化学院签订战略合作框架协议,与华润三九共建中药新产品研发基地。成立浙中实验室科技控股(金华)有限公司,致力于产业孵化。

2023年,复旦大学义乌研究院获得中国材料研究学会科学技术奖一等奖(科技进步类)1项,获得国家高性能医疗器械创新中心和中国医疗器械行业协会评选的年度十大生物医学工程创新高地奖,获批国家自然科学基金申报资质和浙江省自然科学基金申报资质,生物技术平台"磁共振增强探测实验室"获批金华市重点实验室。年内引进属地化工作的院聘和双聘人员69名,含独立首席科学家17名,申报国家级/省部级/地市级人才计划项目15人次。共申报各类纵向项目17项,与企业成立联合研发实验室10余家,年内技术交易登记额超过1000万元,各类竞争性经费到款额达1000万元。

2023年,浙江大学国际健康医学研究院已完成全省RNA医学重点实验室、全省肺癌精准诊疗重点实验室、全省遗传与基因组医学重点实验室答辩;不断加强国际科技合作,获批"浙江-丹麦再生与衰老医学联合实验室",打造国家战略科技力量,成为国家生物药技术创新中心"一带一路"国际合作基地。新引进国家"杰青"1人、国家"青千"5人、省"万人计划"青年拔尖人才1人、省引才计划创新长期项目入选者1人;新入选"鲲鹏行动"计划1人、国务院政府特殊津贴专家1人、省"万人计划"杰出人才1人、省级引才计划入选者2人,新入职博士76人。获批国家级项目26项、省部级项目16项。

2023年3月,重庆大学长三角(兰溪)镁材料研究院正式投运,研究院由兰溪市政府与重庆大学合作共建，是 G60 科创廊道、浙中科创走廊建设的重点项目之一。由潘复生院士领衔的高水平研发团队牵头，现有 30 多名专业人员，其中教授、副教授、高级工程师 10 多名，研究方向为镁基结构材料、镁基储氢材料、镁电池材料、镁基生物材料等。目前，占地 10 000 平方米的科研场地已装修完成，4000 平方米的实验楼主体建成，首期设备已陆续安装到位。与浙江师范大学行知学院共建联合实验室，与国网金华供电公司签订电网轻金属材料产研融合基地建设框架合作协议。

三、新型实验室

（一）浙江省重点实验室

2023 年，浙江省启动省级重点实验室重组工作。浙江第三代半导体材料与器件重点实验室、浙江省智能教育技术与应用重点实验室、全省肺癌精准诊疗重点实验室、全省食药用菌生物育种与综合开发利用重点实验室 4 家实验室被认定为浙江省重点实验室，创建数居全省第 4 位（表 1-3-3）。

表 1-3-3 浙江省重点实验室

序号	实验室名称	依托单位	区域
1	浙江第三代半导体材料与器件重点实验室	华灿光电（浙江）有限公司	义乌市
2	浙江省智能教育技术与应用重点实验室	浙江师范大学	婺城区
3	全省肺癌精准诊疗重点实验室	浙江大学医学院附属第四医院	义乌市
4	全省食药用菌生物育种与综合开发利用重点实验室	浙江寿仙谷医药股份有限公司	武义县

（二）金华市重点实验室

印发《金华市重点实验室建设与管理办法（试行）》，评审认定首批金华市重点实验室 12 家（表 1-3-4）。从机构性质看，事业单位占比达 83%，其余为企业。从研究领域看，主要集中在生命健康、新材料、光电信息。从地域分布看，主要位于婺城区、开发区、义乌市、金义新区。

表 1-3-4 金华市重点实验室

序号	名称	实施主体	区域
1	金华市丘陵山地适用农机重点实验室	金华市农业科学研究院	开发区
2	金华市两头乌遗传育种与改良重点实验室	金华职业技术学院	开发区

续表

3	浙中特色粮作资源创新利用重点实验室	金华市农业科学研究院	开发区
4	金华市计算智能与信创应用重点实验室	浙江师范大学	婺城区
5	金华市异味控制智能装备重点实验室	浙江大维高新技术股份有限公司	金义新区
6	金华市流域地表过程与生态安全重点实验室	浙江师范大学	婺城区
7	金华市水质科学与技术重点实验室	长三角（义乌）生态环境研究中心	义乌市
8	金华市工业有机固体废弃物碳中和技术重点实验室	浙江凤登绿能环保股份有限公司	兰溪市
9	金华市肿瘤营养与代谢研究重点实验室	金华市中心医院	婺城区
10	金华市手性药物发现与分子工程重点实验室	浙江师范大学	婺城区
11	金华市中药质量评价与标准研究重点实验室	金华市食品药品检验检测研究院	金义新区
12	金华市机器人智能焊接技术重点实验室	义乌工商职业技术学院	义乌市

四、技术创新中心

（一）金华市技术创新中心

印发《金华市技术创新中心管理办法（试行）》，启动首批市技术创新中心的申报工作，新认定3家市技术创新中心（表1-3-5），市技术创新中心体系建设迈出关键第一步。

表1-3-5　2023年新认定金华市技术创新中心

序号	名称	建设主体
1	金华市商用车混合动力传动总成及零部件技术创新中心	浙江万里扬股份有限公司
2	金华市智能物联电动工具技术创新中心	浙江恒泰皇冠园林工具有限公司
3	金华市智能康复设备与辅助器具技术创新中心	浙江科惠医疗器械股份有限公司

1.金华市商用车混合动力传动总成及零部件技术创新中心

聚焦商用车自动变速器及混合动力传动系统，引进国际顶尖自动化、智能化生产设备和研发设备，打造全国变速器行业顶尖的智能化工厂，建设成为世界一流水平的商用车自动变速器及混合动力传动系统重大技术创新平台。

2.金华市智能物联电动工具技术创新中心

聚焦智能物联电动工具领域"三电一网"（电机、电控、电池和物联网）方面的重大共性关键技术难题开展技术攻关，实现智能电动工具在智能化领域的重大突破，打造国内智能物联电动工具知名品牌，填补国内智能物联电动工具领域的短板。

3.金华市智能康复设备与辅助器具技术创新中心

聚焦康复机器人技术、智能传感器技术、物联网技术、大数据技术等开展关键技术攻关,整合康复医疗产业链上下游优势企业、高校科研院所,实现高端康复设备及器具的进口替代,技术水平达国内领先、国际先进水平。

(二)浙江省省级企业研发机构

2023年,金华市新认定省级重点企业研究院2家(表1-3-6),省企业研究院28家(表1-3-7),省高新技术企业研发中心141家,新增省企业研究院和省高新技术企业研发中心数量,居全省第3位。全市共有省企业研究院184家,省高新技术企业研发中心724家,总量分别居全省第7位和第6位。

表1-3-6 2023年新认定浙江省省级重点企业研究院

序号	重点企业研究院名称	企业名称
1	浙江省智能光品质照明重点企业研究院	横店集团得邦照明股份有限公司
2	浙江省工业有机废弃物气化及高温熔融技术重点企业研究院	浙江凤登绿能环保股份有限公司

表1-3-7 2023年新认定浙江省企业研究院

序号	企业研究院名称	企业名称	区域
1	浙江省蓝海光电激光测距技术企业研究院	金华市蓝海光电技术有限公司	开发区
2	浙江省东晶电子元器件企业研究院	东晶电子金华有限公司	开发区
3	浙江省创捷电子频率元件企业研究院	金华市创捷电子有限公司	开发区
4	浙江省花园营养维生素类食品药品绿色制备企业研究院	浙江花园营养科技有限公司	开发区
5	浙江省万里扬自动变速器及新能源驱动总成企业研究院	浙江万里扬新能源驱动有限公司	开发区
6	浙江省月旭科技色谱分离分析技术企业研究院	浙江月旭材料科技有限公司	开发区
7	浙江省银河生物益生乳酸菌企业研究院	金华银河生物科技有限公司	开发区
8	浙江省亚虎家装工具企业研究院	金华市亚虎工具有限公司	金义新区
9	浙江省巨江高性能新能源汽车用蓄电池企业研究院	浙江巨江电源制造有限公司	兰溪市
10	浙江省花园新能源高性能铜箔企业研究院	浙江花园新能源股份有限公司	东阳市
11	浙江省微度医疗微创外科医疗器械企业研究院	浙江微度医疗器械有限公司	东阳市
12	浙江省孚诺医药外用制剂企业研究院	浙江孚诺医药股份有限公司	东阳市
13	浙江省新纳电子陶瓷企业研究院	浙江新纳陶瓷新材有限公司	东阳市

续表

序号	企业研究院名称	企业名称	区域
14	浙江省筑工科技装配式建筑企业研究院	浙江筑工科技有限公司	东阳市
15	浙江省蓝宇数码喷墨印花技术企业研究院	浙江蓝宇数码科技股份有限公司	义乌市
16	浙江省森宇铁皮石斛名贵药材企业研究院	浙江森宇有限公司	义乌市
17	浙江省晶澳太阳能高效电池组件企业研究院	义乌晶澳太阳能科技有限公司	义乌市
18	浙江省凯丰智能电子衡器企业研究院	凯丰集团有限公司	永康市
19	浙江省杭机高档数控磨床企业研究院	浙江杭机股份有限公司	浦江县
20	浙江省三思LED企业研究院	浦江三思光电技术有限公司	浦江县
21	浙江省华丽新型电动工具企业研究院	华丽电器制造有限公司	武义县
22	浙江省保康轮毂轻量化企业研究院	浙江保康轮毂制造有限公司	武义县
23	浙江省锐亿新型智能防火门企业研究院	浙江锐亿智能科技股份有限公司	武义县
24	浙江省保康新型保温杯企业研究院	浙江保康电器有限公司	武义县
25	浙江省浩大真空保温杯企业研究院	浙江浩大科技有限公司	武义县
26	浙江省永恒不锈钢保温杯企业研究院	浙江永恒日用品有限公司	武义县
27	浙江省伯是购压铸铝锅企业研究院	浙江伯是购厨具有限公司	武义县
28	浙江省普莱德多功能休闲用品企业研究院	浙江普莱德休闲用品有限公司	武义县

第四章　工业科技

一、科技型企业

（一）高新技术企业

2023年，全年新增高新技术企业408家（表1-4-1），截至2023年底，全市有效高新技术企业累计达2570家（表1-4-2）。

表1-4-1　2023年各县（市、区）高新技术企业新增情况

单位：家

地区	新增数	地区	新增数
婺城区	30	浦江县	39
金义新区	46	武义县	18
兰溪市	36	磐安县	17
东阳市	67	开发区	33
义乌市	75	合计	408
永康市	47		

表1-4-2　2019—2023年金华市高新技术企业数量情况

年份	有效高企数/家	有效高企数相当于规上工业企业比重
2019年	990	25.20%
2020年	1370	30.08%
2021年	1852	37.29%
2022年	2282	39.91%
2023年	2570	44.17%

2023年，全市高新技术产业增加值占规上工业增加值比重为65.60%，居全省第7位。高新技术产业投资增长显著，1—12月，高新技术产业投资额为415.65亿元，同比增幅为48.0%，高于全省平均水平（21.1%）26.9个百分点，增速居全省第2位。

全市 2570 家有效高新技术企业主要分布在新材料、先进制造与自动化、生物与新医药等领域。新材料、先进制造与自动化领域分别有 1020 家和 1005 家，占比分别为 39.75% 和 39.17%；生物与新医药、电子信息、高技术服务、资源与环境、新能源与节能领域分别为 127 家、120 家、114 家、102 家和 74 家；航空航天领域为 4 家。2023 年各产业增加值和增速如表 1-4-3 所示。

表 1-4-3 2023 年各产业增加值和增速

领域	增加值/亿元	增速	领域	增加值/亿元	增速
1 高新	817.40	4.3%	8 时尚	69.71	4.7%
2 装备	624.06	4.7%	9 文化	52.42	1.2%
3 战略性新兴	371.61	6.2%	10 高技术	173.99	8.9%
4 数字	234.91	2.5%	11 人工智能	53.73	-4.4%
5 高端装备	293.83	5.5%	12 新材料	62.03	0.7%
6 环保	183.35	2.0%	13 新能源	161.03	-4.6%
7 健康	74.11	2.2%			

（二）科技型中小企业

2023 年，全市新增省级科技型中小企业 1506 家，超额完成年度目标。截至 2023 年底，全市科技型中小企业达 7872 家，具体如表 1-4-4 所示。

表 1-4-4 2023 年各县（市、区）省级科技型中小企业新增情况

单位：家

地区	新增数	累计数	地区	新增数	累计数
婺城区	129	629	浦江县	119	529
金义新区	163	814	武义县	103	632
兰溪市	99	600	磐安县	50	243
东阳市	181	815	开发区	142	753
义乌市	319	1620	合计	1506	7872
永康市	201	1237			

（三）科技小巨人企业及科技领军企业

新认定省科技领军企业 2 家（横店集团东磁股份有限公司、浙江爱旭太阳能科技有限公

司)、科技小巨人企业 9 家，累计培育省科技领军企业 6 家、省科技小巨人企业 19 家，数量分别居全省第 7 位、第 4 位。

二、科技孵化器

新认定"阿里云创新中心（金华）"省级科技孵化器 1 家，"义乌顺时针孵化器"市级科技孵化器 1 家。"金磐数字经济园""金华北大科技园"等 2 家获 2022 年度省级科技孵化器绩效评价良好（B 类）等次。

截至 2023 年底，全市共有市级及以上科技孵化器 64 家，其中国家级 5 家、省级 10 家、市级 49 家。

三、众创空间

新备案 9 家省级众创空间（表 1-4-5），3 家市级众创空间（表 1-4-6）。"义乌工商职业技术学院创业园青创空间""武义科技城孵化器"等 2 家获省级备案众创空间 2022 年度绩效评价优秀（A 类）等次，"兰溪市 OFC 创业园"等 19 家获良好（B 类）等次。

截至 2023 年底，全市共有市级及以上备案众创空间 103 家，其中国家级 5 家、省级 51 家、市级 47 家。

表 1-4-5　2023 年省级备案众创空间

序号	众创空间名称	运营主体名称	区域
1	婺州英才创新园众创空间	金华新宸物业管理有限公司	婺城区
2	禾牧空间	金华市金九色生物科技有限公司	开发区
3	和利冷链互联网科技（兰溪）有限公司	浙江和利制冷设备有限公司	兰溪市
4	东阳市数字电商产业园众创空间	东阳市浙淘商业运营管理有限公司	东阳市
5	东阳市明德众创空间	东阳市明德文化传媒有限公司	东阳市
6	永康智创空间	永康市溢联电子商务有限公司	永康市
7	武义电动工具众创空间	金华博士百川信息科技有限公司	武义县
8	武义县大学生创业园众创空间	金华市冠杨企业管理咨询有限公司	武义县
9	中谷磐安青创园	金华中谷青创园区运营管理有限公司	磐安县

表 1-4-6 2023 年市级备案众创空间

序号	众创空间名称	运营主体名称	区域
1	徽煌众创空间	徽煌产业管理（金华）有限公司	婺城区
2	润和众创空间	金华市协和制衣有限公司	婺城区
3	浙师大金开院众创空间	浙师大技术创新研究院（金华）有限公司	开发区

四、高新区

兰溪功能性新材料、东阳磁性电子、永康现代农业装备等 3 家高新技术产业园区经前期创建，获省政府正式认定为省级高新技术产业园区，分别定名为兰溪高新技术产业园区、东阳高新技术产业园区、永康高新技术产业园区。武义先进装备制造高新技术产业园区新列入省级高新技术产业园区创建名单。

截至 2023 年底，全市共有金华、兰溪、东阳、义乌、永康等省级高新技术产业园区 5 家，武义先进装备制造高新技术产业园区（省级创建）1 家。从统计数据看，2023 年，高新区实现规模以上工业增加值 493.6 亿元、高新技术产业增加值 509.2 亿元、装备制造业增加值 325.6 亿元、新产品产值 1966.7 亿元，同比分别增长 2.9%、2.4%、1.1% 和 -5.7%，具体指标如表 1-4-7 所示。

表 1-4-7 2023 年省级高新区相关指标整体情况

名称	规模以上工业		高新技术产业		装备制造业		新产品产值	
	累计增加值/亿元	增速	累计增加值/亿元	增速	累计增加值/亿元	增速	累计增加值/亿元	增速
全省	9832.5	4.6%	8284.7	4.4%	5966.7	8.8%	25 358.8	3.7%
金华高新技术产业园区	113.1	0.8%	90.9	0.3%	53.4	-5.7%	256.9	-6.5%
永康高新技术产业园区	91.4	1.7%	77.3	1.3%	77.3	3.3%	197	4.2%
义乌信息光电高新技术产业园区	210.7	3.3%	175.1	1.9%	102.3	0.6%	1038.9	-7%
兰溪高新技术产业园区	105	5.1%	84	7.5%	30.4	15.2%	282	-3.8%
东阳高新技术产业园区	86.5	3.6%	81.9	2.1%	62.2	-0.2%	191.9	-9.1%

第五章　农业与农村科技

一、农业新品种选育

2023年引进推广水稻、蔬菜、水果等新品种90个，示范推广水稻、畜禽养殖等新技术75项，推广面积达26.463万亩；组织实施农业重点科技成果转化项目1项，水生蔬菜、畜禽养殖等多项技术成为浙江省主推技术。组织农业科研攻关，2023年度获省级"尖兵""领雁"等重大科研项目1项、立项支持市重大（重点）攻关项目32项。浙江寿仙谷医药股份有限公司的灵芝全产业链高品质加工关键技术及产业化成果获省科学技术进步奖一等奖，创历史新高。

二、农业科技创新载体

新培育农业高新技术企业47家，国家高新技术企业累计达137家。加快建设农业科技园区，孵化培育一批农业高新技术企业，形成一批带动性强、特色鲜明的农业高新技术产业集群，婺城区绿色畜牧农业科技园区、李子园风味营养食品省级重点农业企业研究院、中坚智能农业机械省级重点农业企业研究院成功列入新一批农业科技创新载体创建名单，创建数占全省1/7，位列全省第一。累计创建省级农业科技园区7家、省级重点农业企业研究院5家，均居全省前列。

三、科技特派员

修订《金华市科技特派员管理办法》，激发科技特派员服务三农的积极性、主动性、创造性。构建组团式科技特派员服务，2023年组织省市县三级科技特派员462人次，提供科技服务3200人次，服务农户2600余人、企业300余家，培训人员1500人次，影响带动了一批懂技术、善管理的农户和科技型人才。全省科技特派员工作20周年总结表彰大会上，金华获奖总数居全省第4位，20位省突出贡献科技特派员中派驻金华的有3位（浙江农林大学斯金平，浙江省农业科学院吴江、蔡为明），浙江省优秀科技特派员中派驻金华的有9位（中国农业科学院茶叶研究所郭华伟，浙江省农业科学院朱开元、徐明飞，浙江省林业科学研究院杨华，浙江省中医药研究院浦锦宝，浙江师范大学郭卫东，金华市农业科学研究院沈建生、楼芳芳、孙萍），35个省科技特派员工作先进集体中金华有3个（武义县科技局、磐安县科技局、金华市农业科学研究院）。

第六章　社会发展领域科技

一、生命健康

（一）关键核心技术攻关

加大关键核心技术攻关力度，积极推进"尖兵""领雁"项目申报，浙江大学金华研究院的"基于全新AR二聚化位点的抗前列腺癌新药DIP-1018的临床前研究"等9个项目列入浙江省"领雁"项目或自然科学基金项目；浙江大学金华研究院的"人工关节智能异形磨床"等110个项目列入金华市重大重点项目，其中产业项目达20个。6个科研项目获浙江省2022年科学技术进步奖，其中浙江寿仙谷医药股份有限公司"灵芝全产业链高品质加工关键技术及产业化"、浙江大学附属第四医院"肺癌精准诊疗关键技术创新及应用"2个项目获浙江省科学技术进步奖一等奖，创历史新高。

（二）重大创新平台

打造高能级科创平台，实施科创平台能级提升"三年行动计划"，浙江大学金华研究院获批省级新型研发机构，"Easy cell-CAR-T细胞递送器械引领者"项目荣获科技部主办的2022年全国颠覆性技术创新大赛最高奖。浙江光电子研究院完成大仪平台基建工程，确定"金华产业光源"建设地块并完成微振动测试，国家同步辐射实验室金华线站正式开工建设，与马来西亚国民大学共建光电精密测量实验室（拟建）。浙江中医药大学金华研究院成立浙中实验室科技控股（金华）有限公司。复旦大学义乌研究院引进项目团队21个，实施科技成果转化项目11个。浙江大学国际健康医学研究院和丹麦共建实验室。制定印发《金华市2023年"510"重大科创平台建设工作要点》《金华市技术创新中心管理办法（试行）》，推进生命健康产业创新能力提升，在生命健康领域新认定企业研究院5家、省级企业研发中心5家，新备案市研发中心25家，推荐3家省重点实验室，新认定3家市重点实验室，新认定1家市技术创新中心。

（三）企业主体培育

深入实施科技企业"双倍增"攻坚行动，大力发展生物医药主导产业，积极推进创新主体培育，全市2023年新认定生命健康领域科技小巨人2家，高企51家（新认定24家、重新认定27家），省科技型中小企业64家。

（四）产学研合作

4月19—21日，中国科学技术交流中心、浙江省科学技术厅与金华市人民政府联合主办首届国际科技开放合作大会（浙江）。大会专题开设了"中美健康桥"全球医健产学研合作创新论坛、全球科技精准合作挪威绿色技术专场对接会、"智造+健康"产业国际开放创新合作论坛等3个生命健康领域的专场活动。共有来自美国、加拿大、挪威、克罗地亚、芬兰、南非、日本、韩国等14个国家400余名嘉宾参加此次大会，其中外宾90余名。通过主旨演讲、圆桌对话、项目路演和考察对接等，搭建国际科技开放合作创新平台。会议期间，全省共签约国内外科技合作项目186项（金华市156项），其中国际科技合作项目46项（金华市14项），生命健康领域合作项目达10项以上。

二、碳达峰碳中和

（一）顶层设计

聚焦科技支撑高质量发展主线，落实《金华市碳达峰碳中和科技创新行动方案》，围绕能源、工业、建筑、交通、农业、居民生活等六大重点领域，大幅提升绿色低碳前沿创新能力和关键核心技术攻关能力，打造"6+1"金华样本。

（二）构建平台

金华市工业有机固体废弃物碳中和技术重点实验室成功通过金华市重点实验室认定。2023年，61家企业完成"双碳"类省科技型中小企业新增备案认定；35家"双碳"类企业通过国家高新技术企业认定；浙江省工业有机废弃物气化及高温熔融技术重点企业研究院获省级重点企业研究院认定，5家"双碳"企业获省级企业研究院认定，6家企业通过省级高新技术企业科学技术研究开发中心认定；新增"双碳"市级研发中心59家。

（三）技术攻关

2023年度，金华市市科技计划项目围绕电化学储能与氢燃料电池、新能源汽车与节能降耗技术，已支持2项"双碳"主动设计项目立项，24项"双碳"重大重点科技计划项目立项，

2 项"双碳"市公益性技术应用研究项目立项，引进技术团队 5 个。在新能源和绿色低碳领域，通过"揭榜挂帅"达成合作 12 项，签约金额 672 万元，实施发明专利产业化项目 5 项。

（四）示范成果

科技部发布了《国家绿色低碳先进技术成果目录》，全国共收录了 85 项技术成果，其中金华市浙江凤登绿能环保股份有限公司的"高浓度有机废液高温熔融制合成气技术"与浙江大维高新技术股份有限公司的"火化机烟气多种污染物高效协同脱除超低排放技术与装备"入围，该目录的公布是为了推动绿色低碳技术科技成果转化和产业化应用。

第七章 科技成果转化

一、科技成果转化体制机制

着力构建"成果供给—概念验证—技术交易"全链条成果转化体系，实施"一链五端"（成果转化链，科技成果转化供给端、需求端、人才端、资金端、服务端）成果转化工程，推动成果转化体系从一维向多维拓展，成果转化指数首次进入全省第二梯队（图1-7-1），从科技成果转化区域分布看，浙江省有32个区县科技成果转化能力强（指数>300），义乌市榜上有名；19个区县科技成果转化能力较强（指数位于200～300），婺城区、兰溪市、永康市位列其中。

一是以"一站式""全过程"为目标，加快建设概念验证中心、技术交易所等服务平台体系，设立"金华创新概念验证基金"，推动浙江大学—金华联合创新概念验证中心、中技所金华中心等高质量建设，不断完善成果供给、概念验证、技术交易、转移转化全链条服务体系，实现技术创新"最初一公里"和成果转化"最后一公里"有机衔接；二是加快推动大院名校金华技术转移中心常驻型实体化运营机制，通过综合全市科技成果转化体系建设需求，突出技术转移中心实体化运作，以差异化考核，鼓励高校院所发挥自身特色资源优势，引育创新人才，推动产业创新和成果转化；三是加快创新成果技术交易，围绕特色产业充分挖掘科技企业"技术开发、技术转让、技术许可、技术咨询和技术服务"合同，积极对接高校院所、龙头企业研究院和专精企业的平台资源，推动技术交易合同登记。

二、产贸牵引的"教科人"一体化

金华产贸牵引的"教科人"一体化资源配置工作，围绕形成"科技创新、产业升级、贸易开放"融合共进的生动格局，探索"科技创新、产业升级、贸易开放"的"科产贸"三元互促发展路径机制，围绕产业转型升级需求，以高水平应用教育及应用科技为切口，搭建优质平台、集聚高端资源、创新融合机制、统筹多边链接，实现更大范围、更大效能配置资源，探索更加成熟的"科产贸融合创新、教育科技人才一体化配置"路径机制。

（一）科产贸融合

金华市聚焦"科产贸融合创新、教育科技人才一体配置"，出台《金华建设高水平科产贸融合国家创新型城市综合试点的总体方案》。这一"金华做法"入选科技部创新发展典型经验，并列入首批省创新深化试点。试点以"科产贸"融合创新为主线，以"制度创新"和"开放创新"双轮驱动为支撑，探索"科技创新、产业升级、贸易开放"三元互促的发展路径机制，高水平建设创新发展、制造先进、内陆开放的现代都市区。

（二）"教科人"一体化

坚持科技创新与制度改革"双轮驱动"，制订出台方案计划，探索教育科技人才资源一体化高效配置路径机制。2023年，"以科创走廊打造教育科技人才一体化推进承载区"列入首批省创新深化试点，浙大四院（国际健康医学研究院、"一带一路"国际医学院）教科人一体化引领"三院一体"高质量发展模式雏形初具，浙江大学金华研究院研究生联合培养基地获评药学专业学位研究生实践基地建设特色成果TOP 10，浙江大学国际健康医学研究院、杭电浦江微电子与智能制造研究院等获批研究生联合培养基地，金华职业技术学院、今飞集团等共建的产教联合体成功创建首批省级市域产教联合体（浙江省仅3家、金华市唯一入选）。

三、概念验证中心

2023年1月，由浙江大学、浙大控股集团与金华市三方联合组建的浙江大学—金华联合创新概念验证中心成立。其以"一中心一基金一体系"的新型科创模式，推动科技成果在浙中科创走廊等地转化和产业化，构建"源头创新—概念验证—早期孵化—产业落地—发展加速"科创产业路径，打造国内科技成果转移转化先进示范样本和典范。12月，浙江大学—金华联合创新概念验证中心建设推进会召开，推进概念验证中心建设和项目落地，加快构建新型科技成果转移转化体系。该概念验证中心"成果供给—概念验证—技术交易"全链条成果转化体系初步建成。已征集项目100余项，完成评估对接30余项，完成"智能康复支具""复合微生物有机肥"等6个项目概念验证。与金投集团、金创投等国有资本，以及金华市下属县（区）政府进行深入沟通，设立总规模1亿元的金华创新概念验证基金。组建了概念验证项目服务团队，联动金华科技园创业服务中心、金华科技大市场、中国技术交易所金华中心（筹）等科创服务平台，以资金、资源双赋能，推动科技创新项目产业化发展。

四、科技大市场

浙中科技大市场暨"揭榜挂帅"服务中心是金华市重要的科技合作的沟通桥梁、科技服务的集聚基地、科技人才的补给口岸，兼具"展示、交易、共享、服务、交流"五位一体的服务功能和科技中介招商、孵化功能，打造科技服务的"众创空间"和科技成果的"天猫商城"。依托政府政策及资源优势，对科技成果转化过程中涉及的企业、高校、技术中介机构等各方开展全面的线上、线下的服务。

五、揭榜挂帅

2023年，"揭榜挂帅"全球引才机制迭代进入4.0版。目前，云平台面向全球企业共发布技术攻关需求榜单5390项、总榜额50.89亿元，吸引12 215人次线上对接榜单，牵引全国474家高校院所的801个高层次人才团队"揭榜"，揭榜数目已破1000项，揭榜金额9.01亿元，帮助337家企业解决技术难题508项，兑现金额超4.98亿元，帮助企业提高效益9.01亿元。云平台总访问量41 134人，其中国外3817人、省外13 091人。2023年，金华市累计发布榜单3167项、总榜额27亿元，分别占全省发榜数和总榜额的59%、52.9%。兑现榜单408项，兑现金额3.98亿元，累计吸引1055个团队前来揭榜，共揭榜606项、榜金超7.3亿元。

六、技术交易

2023年，各县（市、区）完成技术交易额登记208.89亿元，完成省对市年度技术交易额任务的197.1%，实现金华技术交易历史性突破。其中，金义新区、婺城区、永康市1—12月技术交易额完成情况较好，分别是38.58亿元、32.90亿元、31.15亿元。金义新区技术交易额年度目标完成率高达428.7%，高于全省平均178.4个百分点（全省平均250.3%）。

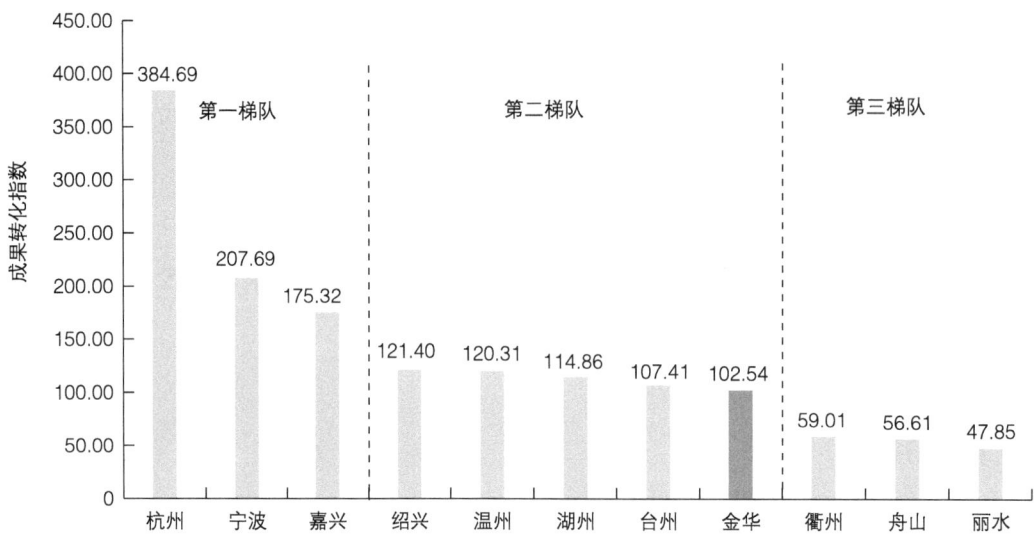

图 1-7-1　金华成果转化指数首次进入全省第二梯队

第八章　科技合作与交流

一、国际科技合作

（一）首届国际科技开放合作大会（浙江）

2023年4月，首届国际科技开放合作大会（浙江）在金华召开。实现主题"首次"设置、部省"首次"联合、指数"首次"发布、联盟"首次"成立等"四个首次"，来自15个国家（地区）的400余名中外嘉宾与企业界开展面对面交流，达成科技合作项目186项，其中国际科技合作项目46项，总金额超32亿元。

（二）2023国际量子光子学大会

2023年11月，2023国际量子光子学大会在金华召开，此次大会聚焦量子计算、量子通信、量子测量等开展学术讨论和产业对接，来自美国、英国、日本等16个国家（地区）的600余名量子信息领域学术界和产业界专家学者、科研人员参会。大会揭牌"国家量子骨干网量子通信应用示范中心""中国光学工程学会科普教育基地"，发布"量子通信技术应用示范城市论坛金华倡议"，为金华烙上"量子城"印记。

二、长三角G60科创走廊

（一）科技开放产业合作

举办首届高端智库支持长三角G60科创走廊一体化高质量发展大会，成立了长三角G60科创走廊创新研究中心高端智库联盟并发布智库联盟发展宣言，展示了2022年长三角G60科创走廊15个重点研究课题成果，发布了2023年长三角G60科创走廊九城市一体化高质量发展重点研究课题55项。

参加长三角G60科创走廊第五届科技成果拍卖会，共征集14项科技成果，总金额超5000万元，累计技术合同交易额达10 880万元。参与推进长三角G60科创走廊科创生态建设大会暨2023长三角G60科创走廊联席会议，征集长三角G60科创走廊重大科技创新项目5

项、重大跨区域合作签约项目2项。金华科技城·浙大网新科技产业孵化园、金华市浙师大网络经济创业园有限公司、金华CRC文化创意园入选第二批长三角G60科创走廊科技成果转移转化示范基地，入选数量居G60"九城"第二。金义新区获评首批长三角G60科创走廊产城融合发展示范区；金华北大科技园获评第2批长三角G60科创走廊产融结合高质量发展示范园区。

承办第二届长三角G60科创走廊（浙江）科技孵化企业创新创业大赛，共吸引金华、杭州、嘉兴、湖州四地400多个创业项目报名参赛；24强项目进入决赛，金华市孵化企业获一等奖1项、二等奖3项、三等奖2项。

（二）长三角G60金华（上海）科创中心

长三角G60金华（上海）科创中心是长三角G60科创走廊九城市首个落地上海的人才科创"飞地"，也是科创走廊首个产业协同创新中心，建有人才服务中心、科创展示中心、创业孵化中心、企业研发中心、人才项目路演中心等五大中心，总建筑面积9800平方米。该中心充分借用上海的创新人才和创新资源，发力解决金华产业的技术难题，"跳跃式"融入上海，直接"落子"设立科创中心。凡是入驻的科创企业，可以同等享受金华本地的科技、人才政策，让金华进一步打破空间局限，使两地的人才共享优惠待遇、便捷服务，帮助企业研发在上海、产业化成果落地在金华，推动打造两地人才合作、科研交流、成果转化、项目共建的重要枢纽。上海科创飞地投入运行以来，已吸引医药、科技、新能源等领域18家企业入驻研发中心，11个项目入驻孵化中心，招引10家企业落户金华，9家企业成功借力孵化；引进院士工作室1个，集聚高层次人才200余名（"双龙计划"2名，博士14名、硕士54名），吸引来金华创业硕士以上人才21名，促成技术委托开发协议1份、产学研合作协议1份。

三、与大院名校的科技合作

在2023年度全省山区26县与大院名校"一县一校（院）"结对合作签约活动中，武义县科技局组织4家企业及高校、科研院所代表参加签约，武义县的金华市聚杰电器有限公司、金华新天齿轮有限公司分别与上海电动工具研究所、上海第二工业大学签署了合作协议，合作金额达440余万元。

磐安县科技局与浙江农林大学于2023年开启结对合作，双方共同破解技术难题，培育"懂药材、爱产业、有情怀"的复合型人才，搭建共富学院与研究院等合作平台，打造科技成果转化示范基地和产学研示范基地。

四、科技对口帮扶与协作

2021年4月，浙江省金华市全面启动与四川省巴中市的科技协作，金华市科技局牵头搭建科技合作平台，双方深入开展科技赋能项目合作，帮助巴中市开展技术培训、助力产业发展。2年来，共同实施农业技术培训2次，培训人员超2000人次；申报省级跨区域科技合作项目4个，开展实施1个；转移技术成果和新品种10个，建立合作平台8个。金华与巴中的科技合作正逐步走向深入，双方交流互动频繁。

第九章　科技宣传与科学普及

一、科技宣传

科技宣传工作是科技创新工作的重要组成部分，能进一步提升金华市科技创新工作水平，营造科技创新氛围，展现科技创新风貌，激发科技创新活力，形成全社会科技创新合力。紧盯"大报、大刊、大台、大网络"，把《人民日报》、新华网、《科技日报》、浙江电视台、浙江之声电台等权威度较高的、影响力大的中央、省级媒体作为金华科技创新展示宣传的"主阵地"，依托"金华科技　浙中科创走廊"微信公众号、《金华科技》杂志、《科技瞭望台》情报资讯等自有宣传渠道，加强主动策划，突出重大专题，不断提升金华科技创新的知名度和美誉度，切实推进宣传工作再上新台阶。

（一）外宣工作

2023年，央媒、省媒关于金华科技创新工作的报道达百余篇。浙江省《科技创新专报》发布金华科技信息4条，科技部网站刊登2条，"创新浙江"微信公众号及《今日科技》杂志共发布金华科技创新信息63条。4月19—21日，在金华市举办的首届国际科技开放合作大会，受到《人民日报》、央视新闻、《浙江日报》等数十家主流媒体的争相宣传报道，累计阅读量超过500万次；11月24—27日举办的2023国际量子光子学大会得到了新华网、人民网、《光明日报》、中国新闻网、中国网、中华网、央视新闻、中央广电总台国际在线、《科技日报》、科技快报网、央广网、《工人日报》《浙江日报》、浙江电视台、浙江新闻、浙江之声电台等中央、省级和其他各级主流媒体（含新媒体）的广泛关注与报道，累计刊播有关此次大会的各类新闻报道50余篇，为金华打上了"量子城"的印记。

（二）内宣工作

"金华科技　浙中科创走廊"微信公众号加强主动策划和原创力度，共发布608篇图文信息，原创稿件176篇，占总发稿数的28.9%，2023年11月"金华科技　浙中科创走廊"微信公众号总分在金华市政务新媒体考核中环比提升12个名次，进入全市前50%。《金华科技》期刊推出六期，共发科技报道360篇，其中每期特别设置专题报道栏目，报道金华市科技热

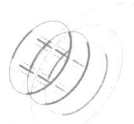

点和中心工作。《科技瞭望台》推出12期（包括"科创廊道"特刊），其中刊发"情报驿站"系列文章61篇，"他山之石"系列文章48篇，"重磅发布"系列文章11篇，"深度关注"系列文章11篇，12人在《每月观点》栏目输出观点，全年共刊发情报参阅类文章131篇。内容不仅聚焦知名专家学者的科技创新观点、当月最新科技舆情动态，还深入挖掘和展示了优秀县市的科技创新工作经验，旨在进一步宣传推介科技创新工作，为政府和企事业单位的科技创新活动提供决策信息参考。《统计快报月度数据》推出12期，包含金华市科技发展主要指标64个，涉及金华市整体完成情况及各县（市、区）细分情况各维度，为金华科技创新工作小步快跑、精准施策提供了重要决策支撑。

（三）舆情监测

金华市科技局紧盯重要环节和关键节点，强化与市委宣传部、市委网信办、市政府办公室政务公开处等部门的协同联动，加强与相关部门的合作，密切关注舆情动态，增强主动意识，分析研判意识形态领域可能出现的舆情，严格防范日常工作变成舆情焦点。对发现的问题开辟专门渠道，开展专项检测，对发现的苗头性、倾向性信息第一时间报浙江省委网信办和有关责任单位，主动做好线下风险化解处置工作。

二、科学普及

（一）科技活动周

2023年，金华市科技局协同市教育局、市科协等单位，成立专题领导小组，研究部署活动周的方案及活动内容，加强市县联动，搞好协调配合，落实人员、经费、活动场所等相关事宜，联合各县（市、区）科技局围绕"热爱科学 崇尚科学——合力推进创新深化 两翼齐飞浙里先行"的主题开展了系列线上线下科技活动周特色活动。

（二）科普活动

①科普活动实效。2023年，金华市科协举办由4位院士专家参加的"与科学对话 遇见量子光子"科普论坛。举办"银龄"跨越数字鸿沟科普专项行动，组织培训51万人次，位列全省第二。开展科普助力"双减"行动，累计470万人次参与活动，位列全省第三。组织特检杯"冲刺！科学+"金华市第四届科普大赛，累计有15万人次参与线上海选，210万人次直播观看。开展"科普一日行"活动、举办玩上［影］光影艺术X互动临展、"小小创客营进校园"等活动2700场次，服务人数155万人次。扎实抓好平台阵地建设，建设公共场馆280

家，新增县级以上科普基地55家，申报中国农机协科技小院4家、院士科普基地2家。拓宽科普服务广度，义乌创办"义科小洋葱"涉外科普品牌、兰溪积极打造"家门口的科学实验室"、浦江县科协打造"科·浦"共享品牌。

全市科技系统通过多层次、多渠道、多形式的系列活动，深入科普基地、示范园区等开展技术宣传、培训，共开展科普活动达174次，培训辅导企业达822家次，线下科普活动群众参与数达2.92万人次，线上科普活动群众参与数达110.4万人次，发放各类宣传资料1万余份。开放的科普场馆、科普实验室数量达108场，开放的大学有4所，科普工作人员2500余人，其中科普专职人员240余人，科技工作者1800余人，招募科技志愿者460人，媒体参与33次，宣传报道89次。

② 全国科普日。9月，举办2023年全国科普日金华市主场活动，由金华市科协联合16家市直部门共同举办。全市集中组织和动员各级科协组织、学（协）会、科普教育基地等，举办近400场群众性科普活动。市科协推出了"[全国科普日]金华市科协系统开展全国科普日活动速览"系列报道。在全国科普日活动期间，金华市科协联合中国移动金华分公司推出了"智慧科普短信"推送活动，共推送科普短信10万余条。

③ 科普助力共富。前往婺城区白龙桥镇华电新村、兰溪市上华街道下吴村、汤溪镇等地开展"走基层、送服务、进礼堂"之送科技（科普）下乡，文明实践进农村活动，为农民开展实用技术培训和健康义诊，给农村文化礼堂赠送科普书籍6万码洋，深受群众欢迎。

（三）科普资源

① 举办"银龄""双减"培训。联合6家主办单位和县（市、区）科协开展老年人智能手机使用培训，共注册教学网点109个，组织培训2586场次12万人次，位列全省第二。认真开展科普助力"双减"行动，共注册基地147个，累计开展活动1826场次，470万人次参与活动，位列全省第三。

② 平台阵地建设。成功申报婺城蛋鸭、金华稻米、义乌玉米、武义灵芝4家中国农机协科技小院，义乌畈田朱小学、永康一中2家浙江省院士科普基地，浙江森宇优秀公司、义乌浙中龟谷、磐安安土地3家中国农机协科普教育基地，推荐金华市人民医院等3家单位和个人为长三角优秀志愿服务项目及志愿者。

③ 科技赛事。下发《关于开展2023年金华市青少年科技活动的通知》，组织学生参加浙江省第37届青少年科技创新大赛、浙江省第18届青少年电脑机器人竞赛、浙江省第6届"科学玩家"、青少年科学调查体验活动等科技竞赛活动，在各类省级比赛中金华市参赛成绩逐年稳步提升，金华市科协被中国科协青少年科技中心评为"全国青少年科学调查体验活动"优

秀组织单位，被浙江省青少年科技活动中心评为"科学玩家"活动优秀组织单位；金华市5个项目被推荐参加全国青少年科技创新大赛，占全省参赛数的19.2%。

圆满承办浙江省第37届青少年科技创新大赛（11个地市参加，共374个作品，金华27个项目获奖）。积极推动青少年科技教育活动开展，协同金华市教育局、金华市青少年科技教育协会等单位举办了第38届青少年科技创新大赛、中小学生创客竞赛、科学三分钟、科学玩家等10余项竞赛活动。

组织开展第十六届金华市青年科技奖，评选出20位青年人才，并在第7个"全国科技工作者日"进行表彰。组织开展2023年度学术研究项目，立项学术研究项目40项，新材料相关特约项目3项，项目数量大幅增长。组织开展第十九届金华市自然科学优秀论文奖评选，评选出一等奖论文14篇、二等奖论文84篇、三等奖论文137篇，活跃学术氛围，激发学术热情。

第十章 科技管理

一、科技党建

（一）政治能力建设

① 加强理论武装。金华市科技局始终坚持以习近平新时代中国特色社会主义思想为指导，深入学习贯彻党的二十大精神和省委十五届四次全会、市委八届五次全会精神，抓好"八八战略""千万工程"等重要批示精神、习近平总书记考察浙江重要讲话精神和考察调研金华重要指示精神等跟进学、常态学、深入学，全年组织"第一议题"学习21次、理论学习中心组学习13次、"周一夜学"15次、"科技青年说"8次，常态抓好习近平总书记关于科技创新重要论述精神学习。

② 抓好意识形态工作。局党组专题研究意识形态工作2次，印发《中共金华市科学技术局党组关于当前意识形态工作形势的通报》。认真落实《关于进一步做好意识形态重点领域除险保安工作的通知》《关于全市舆情风险防范化解工作专项督查情况的通报》《党委（党组）落实意识形态工作责任制规定动作提示清单》，扎实开展意识形态重点领域除险保安行动，修订意识形态和舆情风险应急处置机制、信息发布"三审三校"制度，持续强化意识形态工作主动权。做好杭州亚运会期间网络和数据安全工作。

③ 抓实主题教育。金华市科技局党组第一时间召开主题教育动员部署会，成立局主题教育领导小组及其办公室，坚持每周五召开工作例会。党组书记带头作题为"矢志科技自立自强，强力推进创新深化，奋力在以科技创新塑造新优势上走在前列"党课辅导，提振全局上下推进创新深化，坚定在以科技创新塑造新优势上走在前列的决心信心，班子成员和支部书记累计讲专题党课7次，赴义乌市李祖村开展"循迹溯源"现场教学活动，组织2期共4天读书班。组织所属各支部认真开展"持正确政绩观、建为民新业绩""明德守法、完善自我""学习身边榜样"等活动，持续推动主题教育在科技系统开花结果。

（二）党员队伍建设

① 规范落实各项制度。严格做实"三会一课"、组织生活会等规定动作，机关党员领导干部以普通党员身份参加双重组织生活。按要求召开总支全体党员大会，选举产生了新一届

科技局党总支部委员会。规范党员发展流程，坚持成熟一个发展一个，2023年发展预备党员1名，预备党员转正3名。成立浙江中医药大学金华研究院党支部。

② 丰富主题党日活动。把主题党日活动作为密切联系群众的"新桥梁"，引导带领广大党员干部立足本职，为民服务，在活动中"亮身份""受监督"，在服务中"当先锋""做表率"。先后组织参观毛主席视察双龙电站纪念馆、清廉金华教育基地，观看《望道》红色电影，收看《榜样8》，赴义乌李祖村开展"循迹溯源"，赴金义新区下江沿村开展"千团联千村"共富帮扶活动等。

③ 党建引领科研攻关。多措并举推进党建与科研工作深度融合，不断激发科研工作新活力、新效能。浙江大学金华研究院党支部采用"三线工作法"，在"管理线"和"技术线"的基础上，增设一条"思想线"，将党的基层组织有机融合到科技攻关的组织体系中，把党建工作落实到科研最前线。

（三）全面从严治党

① 强化党组主体责任。要求领导班子成员自觉对照"五张责任清单"，不断强化责任意识，严格自律。认真贯彻民主集中制，严格规范党组议事规则，规范党组会记录和存档备案，每次党组会均形成会议纪要并提交派驻纪检监察组，做到科学决策、民主决策、依法决策。

② 严格落实党组书记第一责任人责任。党组书记带头对标"五个强化"政治要求，带头遵守政治纪律和政治规矩，主动向市委请示关于科技创新等工作的重要事项，模范遵守部门"一把手"离金请假报备有关制度要求。带头贯彻执行民主集中制，严格执行领导班子议事规则和集体决策制度，严格落实"五个不直接分管"，党组会集体议事决策时坚持末位表态，带头营造贯彻民主集中制浓厚氛围。

③ 落实班子成员"一岗双责"。班子成员坚持实事求是、民主科学，对党组会研究议题充分发表意见建议，对其他班子成员开展认真负责的批评提醒，共同营造风清气正的良好氛围。每季度，班子成员与分管处室及下属单位负责人进行谈心谈话，深入了解工作开展情况、思想情况等，在党组会上认真汇报履行"一岗双责"情况和履行全面从严治党主体责任落实情况，将履行"一岗双责"情况纳入民主生活会汇报内容。

④ 开展清廉机关建设。着力打造"清廉科技"最亮品牌，签订《党风廉政建设责任书》和《廉洁自律承诺书》，每季度组织廉情形势分析并制定对策措施，迭代《2023年度科技领域廉政风险清单》并抓好监督落实。及时组织学习党风廉政建设有关文件会议精神，开展警示教育，持续加强作风建设，时刻绷紧"廉政建设"弦，营造风清气正的工作氛围。

二、科技创新人才与团队

（一）积极引育高端人才

提前谋划，积极推进高端人才项目申报，2023年上半年，推荐申报国家WR计划17项，其中2人进入答辩评审环节；入选HJ计划3项、推荐申报海外优青23项。通过2022年省科技奖行业评审成果12项，其中金华市为第一完成单位成果9项（一等奖2项，二等奖1项，三等奖6项），参与完成成果3项。

（二）百博入企

2023年初，144名来自全国136家高校院所（包括西安交通大学、吉林大学等）的省外知名院校的博士、教授到金华141家企业开展新一轮挂职服务。入企博士们共开展各类技术服务720次。

（三）外籍专业人才

2023年，外专窗口受理审批4264件，目前有效证件数量568件：其中A类高端人才181名，B类专业人才354名；A类人才数量增速最快，吸引了大批以浙江师范大学科学研究领域为主的外国智力为金华科技建设贡献力量，B类人才数量稳步提升，其中口腔医学、极限运动等领域的外籍人才为首次引进，进一步优化了外籍人才就业结构。

三、数字化改革

针对科创领域科创底数不清、科创引领不强、项目进展不明、统筹协调不畅等各个环节的痛点、难点，开发"六城"协同在线平台，整合"揭榜挂帅""金华科技大脑""百博入企"等平台资源，包含科创资源、科创赋能、重大项目、考核评价等场景，为金华市科技计划项目攻关方向、过程管理、高效服务提供辅助支撑。目前，平台上项目申报1246项、技术合同交易额124.4亿元、开放共享科研仪器7239台次，分别同比增长20.0%、77.9%、20.0%，先后获批浙江省数字经济系统最佳应用、金华市改革突破奖和金华市营商环境优化提升"最佳实践案例"。

第二部分

县（市、区）篇

第十一章　婺城区

2023年，婺城区科技局坚持以习近平新时代中国特色社会主义思想为指导，深入贯彻落实省、市、区决策部署，忠实践行"八八战略"，全力推进创新深化，为全区经济社会发展提供创新动能。2023年11月，在全省创新深化大会上，婺城区连续第3年获评全省市县党政领导科技进步目标责任制考核优秀。

一、2023年工作成效

（一）党建引领，政治建设全面推进

一是完善责任体系。局党组严格按照全面从严治党主体责任要求，完善党组全面领导、书记"第一责任"、班子成员"一岗双责"、支部委员齐抓共管的工作机制。抓实党组织"三清单两项目"，对班子成员、中层、普通党员进行分层管理，以清单化形式把全年重点工作落实到每名班子成员和干部，明确责任及时限，促进管理实效。二是凝聚思想共识。组织制作宣讲微视频《婺城科创潮正涌，聚势赋能谱新篇》，用新时代青年党员的观点、视角和语言阐释"红色引擎"与"科技引擎"为婺城发展塑造的新优势。开展以"共读廉书　涵养清风"为主题的党员干部廉政专题读书会，用廉洁文化凝聚"清廉共识"，筑牢"三不腐"的思想防线。三是优化活动载体。积极组织党日活动，2023年先后开展了"喜迎建党日　清风伴我行""共建结对村，同颂党恩情""循迹促真学　'三问'到农户"等特色主题党日活动，进一步深化理想信念和时代精神教育，用组织温度激励干部继续不忘初心、砥砺前行。

（二）学思践悟，主题教育硕果累累

一是坚持组织领导。成立科技局主题教育领导小组，加强对主题教育的组织领导与统筹谋划。第一时间召开主题教育动员部署会议，传达学习上级主题教育工作有关精神，安排部署贯彻落实，有效增强了全体党员参加教育的积极性和主动性。二是抓好理论学习。制订详细学习计划，采取领学、参观见学等形式，学习习近平新时代中国特色社会主义思想。开展专题党课5次，组织理论学习中心组学习会5次，开展局全体党员干部专题及集中学习17次。三是大兴调查研究。深入落实习近平总书记提出的调查研究"深、实、细、准、效"的要求，围绕师大

创新城建设、科创平台提能升级、科技型企业发展等 3 个重点调研课题，深入科技型企业、创新平台和基层单位，走访调研 23 次，发现及帮助解决问题 11 个，形成调研文章 3 篇。

（三）问题导向，巡察整改见行见效

根据区委统一部署，2023 年区委第一巡察组对科技局进行了巡察并反馈了巡察意见。局党组高度重视，切实履行整改主体责任，认真落实巡察整改工作。一是把握整体要求。组织召开 4 次党组巡察整改专项研究会及民主生活会，把握整体要求，就整改工作进行全面安排部署。班子成员切实加强对分管整改工作的督促把关，通过常态化的督办督导，倒逼整改工作进度，形成了各司其职、各负其责、上下联动、合力推进的工作机制。二是全面跟踪督办。对巡察反馈的 32 个具体问题，建立整改台账，一一分工细化整改措施，落实责任到人，并明确整改时限，逐一对账销号。目前，巡察反馈 32 个问题，已完成整改 31 个，尚未完全整改到位 1 个，整改完成率 96.88%，制定及修改完善制度 8 项，对巡察组反馈的问题线索及时进行分类处置，第一种形态处理 7 人。三是强化建章立制。认真总结整改工作的好经验、好做法，深刻吸取巡察反馈问题的教训，切实防止问题隐形变异和"回潮"。严格贯彻落实新制定或新修订的制度规定，如《婺城区科技局合同合法性审核和管理工作机制》和《婺城区科技局财务管理制度》，用制度来管权管人管事。

（四）谋篇布局，科创平台量质齐升

一是走廊建设破题出圈。聚力科创平台多"点"突破，为区内主体开展创新创业夯实平台基础。围绕浙中科创走廊"一廊六城"战略部署，扎实推进师大创新城建设。师大创新城现有重点项目 21 项，总投资 141.7 亿元，三大标志性项目已完成投资 6.16 亿元，年度投资完成率达 154%。其中浙师大金华科创园园区内研发楼已交付使用，其余楼幢顺利落成结顶，完成投资额超 4.3 亿元，完成总投资率 43% 以上，完成年度投资率 215%；浙江光电子研究院获评为浙江省博士后工作站、金华市重点实验室，已完成省重点实验室、省工程研究中心申报工作。二是科技园区赋能发展。超前谋划、高位推进高能级园区建设，以赋能产业高质量发展。婺城区绿色畜牧农业科技园 2023 年列入省级农业科技园创建名单首位；金华婺城现代交通装备高新技术产业园区申创省级高新园区资料已上报，处于省级相关部门征求意见阶段。三是科创载体扩容提质。为提升科技创新服务能力和创新主体孵化成效，加快推进孵化载体扩容提质，2023 年新认定省级众创空间 1 家、市级众创空间 2 家，目前全区国家级科技企业孵化器 1 家、省级 2 家、市级 5 家；省级众创空间 6 家，市级众创空间 5 家；省级星创天地 1 家，市级星创天地 2 家。

（五）精准发力，创新生态持续塑优

一是科技政策迭代升级。为有效激发创新主体创新积极性，持续迭代升级科技创新政策。目前在施行的为《关于强力推进创新深化提升科技创新能级的若干意见》《关于加快人才强区建设提升区域创新能级的若干意见》。《关于强力推进创新深化提升科技创新能级的若干意见》中，围绕鼓励企业研发创新、鼓励加大高新技术产业投资、促进科技成果转化等7个方面出台25条政策，其中迭代研发机构奖励等政策9条，新增投资进度奖等政策9条。二是服务品牌深入推进。实施"百博入企"计划，累计引进60余名博士进驻婺城企业进行技术服务，协助企业解决技术难题120余个。并推工业农业科技特派员。主动对接相关领域专家，致力于解决基层的人才和科技瓶颈，两批次累计派出34位科技特派员入驻企业，协助申报科技项目16项，相关做法获副市长章旭升批示，3人在省科技特派员工作20周年成绩突出个人和集体评选推荐中获评省级优秀特派员。三是配套服务不断加强。扎实推进安全生产、除险保安工作，以国家高新技术企业、省级科技型中小企业、科技孵化园区及实验室为重点，加大安全生产、食品药品安全、防汛防台等宣传，积极开展企业安全生产排查，进行重点安全问题整治。加强科技类校外培训机构管理，贯彻落实"双减"工作，多次对科技型培训机构进行走访检查，检查中发现的广告设置不规范、疑似舆论风险隐患点、线上违规广告等问题目前都已经整治到位。同时，坚持依法审批，优化审批流程，提高审批时效，当前已完成5家科技类校外培训机构的正式审批并予以公布。

（六）聚链成群，创新活力澎湃强劲

一是创新主体培育强大。紧扣"孵、育、引、壮"发力，统筹做好规上企业高企化、高新技术企业规模化，提高高新企业比重，建强科技创新主力军。2023年，新认定国家高新技术企业30家，全区国家高新技术企业共175家；新认定省级科技型中小企业129家，全区省级科技型中小企业达629家。当前，婺城区有省级创新型领军企业1家，省级科技小巨人企业2家。二是创新成果加速转化。打造"基础研究—应用研究—成果转化—小试中试—产业化"创新链。常态开展技术需求和成果结对活动，牵头举办国际青年人才科技创新论坛、智能制造成果对接会等，搭建科教产融合发展桥梁。婺城企业连续3年申报发明专利产业化项目超30项；在浙江省科技信息研究院新发布的《2022浙江科技成果转化指数》报告中，婺城科技成果转化指数为243.65，位列全省第二梯队，金华市排名第二。三是科技助企持续发力。针对汽车零配件综合体等传统产业的发展需求，打造省级产业创新服务综合体。2023年，婺城汽车零配件产业创新服务综合体持续加大创新服务力度，累计举办"全省汽车制造质量与计量技术研讨交流会""婺城区高新技术企业认定申报要点指导

培训会"等各类服务活动 12 场，积极促进汽摩配企业创新载体培育，有效赋能产业高质量发展。

二、2024 年工作思路

2023 年区科技局深入贯彻省市决策部署，坚定落实科技创新首位战略，聚焦"510"科创平台、"315"科创体系建设，以创新主体培育、科创载体建设等为主要抓手，通过超常规的举措，推进科技创新各项年度重点工作取得一定实效。2024 年区科技局将积极务实、持续发力。

（一）聚焦一中心，全力推进师大创新城建设

① 推进高能级平台全面起势。坚持"项目为王"的理念，全力推进师大创新城重点项目建设，特别是加快推进 3 个标志性项目建设，确保百分之百完成全年建设任务。致力安全生产，力争 2024 年完成浙师大金华科创园整体基础建设任务。学习借鉴南京邮电大学国家大学科技园、上海交通大学国家大学科技园等地先进经验，支持浙江师范大学尽快启动国家大学科技园运营工作。

② 集聚科创和人才资源优势。将浙江师范大学涉及的光电科技、新材料、生物技术、智慧教育、智能交通等领域 10 个省级重点实验室直接导入浙师大金华科创园，用好浙江师范大学在数学、化学、工程学、材料学、环境生态学、计算机科学等专业的人才培养输出优势，为金华储备专业人才。提档升级师大毕业生人才政策，对于在科创园创新创业的师大毕业生，按学历标准享受最高 80 万元的购房补助及最高 50 万元的生活补助，进一步凝聚高层次人才。

③ 发挥研究平台载体优势。全力支持浙江光电子研究院建设，发挥好研究院在人才引育、科技成果转化等方面的作用。加快推进光电子研究院高层次人才申报工作，完成研究院产研实验室设计并加速启动；全力做好浙江省重点实验室申报工作、浙江省工程研究中心申报工作。

（二）紧盯重点指标，有效激发主体创新活力

① 研发投入。克服企业营收下降等客观因素带来的不利影响，自我加压，争取全区规上工业研发投入达到 10.35 亿元。抓好亿元以上重点企业，同时不断挖掘潜力，通过集中培训加重点走访的方式让新升规企业的科技创新意识进一步提高，成为全区研发数据新的增长点。实行风险防控机制，每月动态研判区域企业研发数据。

② 高投高增。a.抓好高投入统。对于已列入高投目录未入统的高投项目，加强与乡镇街道和项目投资方的沟通交流，及时跟进项目进程，争取开工一批入统一批，争取 2024 年高

新技术产业投资增幅20%以上[2020—2022年增幅分别为-0.1%、0.4%、48.0%；2023年预计投资18.2亿元（增幅31%），2024年按增幅20%目标需要完成21.8亿元]。b. 提升高增占比。协同多部门加大企业服务力度，落实政策资金帮扶，强化专项辅导服务，切实解决企业在生产销售等方面存在的实际困难，努力提高相关企业的生产能力，争取高新技术产业增加值占规上工业增加值比重保持在63%以上（2020—2022年占比分别为53.52%、56.74%、59.16%，2023年预计63%以上）。

③ 主体双倍增。继续与乡镇街道、部门强化沟通协作，通过整合企业信息建立高企培育库，为各梯队企业提供高匹配度的跟踪服务，通过专题培训、上门指导等方式做好2024年意向申报企业的培育辅导。2024年预计新认定国家高新技术企业20家以上，省科技型中小企业70家以上。

④ 技术交易。及时了解企业技术合同签订情况，指导企业规范进入平台登记，确保应登尽登、能登则登。精准梳理对接重点高校院所。积极走访浙江师范大学、金华市中心医院等高校院所，及时研判技术交易数据，实现本区域技术交易情况及时掌握、动态跟踪、重点跟进。及时宣传技术交易登记可享受的相关政策，让企业了解政策对企业的帮助，提升企业技术交易登记的积极性。

（三）推进产学合作，加速科技成果转化

① 鼓励开展科技合作。持续引导挖掘企业申报工科会签约项目，力争工科会签约项目达到10项，争取在婺城举办1场专场活动。进一步增强企业成果转化动能，新增发明专利产业化项目备案突破40项。同时，争取继续联合浙江师范大学举办产教融合暨智能制造成果对接会等人才科技创新专场活动，通过活动为优质科创项目提供资源对接、交流合作的展示平台，打造聚才引智、培优创强的科创生态。

② 深化校企合作平台作用的发挥。充分发挥今创智能制造研究院、浙大氢途联合研发中心、万里扬中央研究院和浙江光电子研究院的作用，鼓励平台研发新技术、新成果并在婺城区实现转化落地，力争实现科技成果转化5项以上。

③ 指导科技项目申报。指导企业申报省"尖兵""领雁"计划、省新产品试制计划、省万人计划创新团队、省海外工程师等人才科技项目，申报各级科技计划项目100项以上，并做好项目闭环管理。深化"揭榜挂帅"机制，优化"企业出题、人才破题"技术攻关模式。推动项目、人才、平台、资金一体配置，加速攻克关键技术"卡脖子"难题。力争引导有技术需求的企业通过揭榜挂帅平台发布各类榜单超120项，鼓励企业通过揭榜挂帅平台、百博入企等方式多角度解决企业技术难题。

（四）跟进载体建设，推进创新资源集聚

① 跟进省级高新区申创。做好金华婺城现代交通装备高新技术产业园区申创省级高新园区跟进工作，协同婺开区加强指导，争取列入省级高新区创建名单。引导园区聚集智能装备等主导产业，扎实推动创新载体提质扩面，追踪科学技术前沿领域，重点招引动力电池等关键零部件项目，持续提升园区产业链科技含量，夯实高新区创建产业基础。

② 推进省级农业科技园建设。对照建设内容，坚持目标化、项目化、责任化管理，协同长山乡做好绿色畜牧农业科技园区2024年任务考核，指导园区企业申报科技型企业、市级研发机构、科技计划项目。同时深化校地合作，承接浙江师范大学、金职院、省市农科院等高校院所的科研资源和技术成果，积极争取优质要素向园区汇入，促进园区高质量开展科技研发和科技成果转移转化。

③ 加快省级综合体建设。2024年，婺城汽车零配件产业创新服务综合体将严格对照建设规划和任务书，有效落实各项指标，全面完成创建工作；加快重点项目建设进度，系统推进"技术研发、智能制造、检验检测、双创孵化、公共服务"五大服务体系建设，加强对汽摩配企业创新服务支持；重点招引相关龙头企业发挥强链补链带动效应，整合上下游产业创新资源，强化汽车零部件产业链协同效能。

④ 其他科创载体建设。引导企业申报创建各级创新载体，推进平台培育再提升，力争2024年新认定省级以上科技孵化器（众创空间）等创新载体1家以上（浙江师范大学众创空间有意向申报国家级），全力支持浙江师范大学申报国家大学科技园。

（五）围绕中心大局，推动经济社会稳步发展

① 配合做好安全生产、除险保安工作。以国家高新技术企业、省级科技型中小企业、科技孵化园区及实验室为重点，在科技服务过程中加大安全生产、食品药品安全、防汛防台等宣传，积极开展企业安全生产排查，进行重点安全问题整治。

② 持续做好"双减"工作。扎实推进规范审批。对符合科技类校外培训机构设立标准的机构积极引导进行线上审批，同时对还未达到审批要求的机构做好提醒，将准入标准和审批时限做好告知。预警管理，实行风险防控机制。对已经合规并正式审批完成的科技类校外培训机构向社会进行公示，并对学生家长做好提醒，严防家长购买长跨度培训课程而机构中途跑路事件的发生。

第十二章 金义新区

2023 年以来，在区委、区政府的正确领导下，在金华市科技局的细心指导下，金义新区科技局坚持以创新深化为核心，以三个"一号工程"为主线，深度融入省"315"、市"336"科技创新体系建设，以"大干快上、以干促上、实干至上"的工作理念为指引，推动各项工作扎实有效开展，2022 年度全社会 R&D 占比 2.91%，2023 年高新技术产业投资增速 140.2%，排在全省第 2 位。

一、2023 年工作成效

（一）围绕顶层设计，激发创新发展驱动力

一是认真落实省、市关于推进省"315"、市"336"科技创新体系建设部署。2023 年初由分管区领导牵头联合经信等部门召开工作部署会，对科技工作重点任务进行部署谋划，形成了部门协同、镇街联动、统筹推进的科技创新工作机制。汇总入《关于印发〈金东区关于推动经济高质量发展的若干政策〉的通知》（金区政〔2023〕21 号），增强企业前置培育、人才创新创业等政策支持力度，抓紧抓早落实惠企政策兑现，累计发放科技政策补助资金超 4000 万元，惠及企业超 200 家次。二是数智赋能现代化服务新模式。全市首创"智慧+"发明专利产业化平台，打通项目备案、奖补申请、线上审核、政策服务全链条，截至 2023 年底，已累计办理发明专利产业化项目备案 261 个，兑现奖补资金超 1200 万元。

（二）围绕关键技术攻关，打造创新主体硬实力

一是加强关键技术攻关。围绕金义新区"3+3"产业布局，加快推进关键核心技术研发，今年以来成功立项省"尖兵领雁"项目 3 项、市级科技计划项目 31 项，超额完成全年任务；6 月启动区级科技计划项目征集，正式立项区级项目 23 项，涵盖工业、农业、服务业、社会发展等各类领域，截至 2023 年底，200 万元项目资金已拨付到位；二是持续推动企业研发经费投入提升。充分运用科技政策，切实引导企业主动加大技术创新，常态化对规上企业进行研发归集辅导。1—12 月规上工业企业有研发费用活动的达 456 家，占比 88.2%；研发费用合计支出 16.01 亿元，同比增长 15.84%；占营业收入比重 3.91%，居全市前列。三是搭建

科研仪器共享平台。围绕全区政务服务增值化改革，区科技局对企业需求场景进行服务再提升，于12月挂牌成立了全市首家浙江省大型仪器开放共享平台金义新区（金东区）服务中心。

（三）围绕企业主体培育，提升创新发展"主引擎"

一是持续做大高企"金东板块"。对照"预申报企业、重点企业、苗子企业"高企后备三张清单，分片区点对点开展排摸辅导，全年新认定国家高新技术企业93家（其中46家新认定，47家重新认定）；做好科技型中小企业培育精准"扩面"，下沉各乡镇、工业园区开展面对面服务，备案国家科技型中小企业289家，新认定省科技型中小企业163家，超额完成全年任务目标。二是支持企业建立研发平台。鼓励企业自建研发机构，组建研发团队。强化指导，形成辖区企业"自建研发机构—市级研发中心—省级研发中心—省级研究院—省级重点研究院"培育梯队，提高规上企业研发机构"覆盖率"，截至2023年底，新增规上工业企业研发机构79家，规上工业企业研发机构设置率达70.4%，居全市前列。其中新增市级研发中心84家、省级研发中心1家、省级研究院12家，李子园风味营养食品省级重点农业企业研究院成功认定省级重点农业企业研究院。指导企业研发机构申报市重点实验室，金华市异味控制智能装备重点实验室（大维高新）成功认定市重点实验室。2023年认定科技"小巨人"企业3家，占全市1/3。

（四）围绕科技合作成果转化，助力企业高质量发展

一是深化产学研合作。通过整合科研平台创新资源，开拓技术需求对接渠道。与浙江大学金华研究院信息技术创新中心、金华市科技人才与创新服务中心等单位合作开展信创、高端装备智造等重点产业项目对接会；组织高端装备制造、新材料领域企业前往西安、苏州与西安交通大学国家技术转移中心和长三角先进材料研究院开展产学研合作对接。二是持续深化"揭榜挂帅"机制。针对性解决企业科研攻关难题向"揭榜挂帅"平台累计梳理发布各类榜单81项，指导高校技术转移发布相关科技成果11项。2023年攻克企业技术难题28项，兑现榜单总金额1495万元，技术交易额达到38.58亿元，居全省第11位、全市第1位。三是做强科创合作平台。浙江大学金华研究院获批省级新型研发机构；推荐申报"国际科技合作基地"科技合作项目2家（普莱得、力积）、"国际联合实验室"科技合作项目1家（浙江中医药大学金华研究院），为金义新区企业转型升级和创新发展提供创新平台支撑。

（五）围绕"廊道"高质量建设，打造科创+产业交汇点

一是深度融入长三角G60科创走廊。紧盯推动浙中科创走廊建设全面起势目标，推动

金华科技城全面跃升，完成G60科创走廊地标项目建设，浙大网新科技产业孵化园获得长三角G60科创走廊科技成果转移转化示范基地命名。二是扎实推进"166"工作清单。聚焦信创+新能源产业，目前已引进龙芯中科、清华同方、神州信息等43家信创类企业，百亿级项目（纽顿新能源汽车制造项目）成功落户。金华科技城六大类60个项目有序推进，打造浙江中医药大学金华研究院、金华理工学院等8个标志性项目，浙江中医药大学金华研究院1楼展厅竣工验收并展开2~6楼实验室建设，全速推进浙江大学金华研究院信息技术创新中心5个研发实验室平台建设；2023年计划投资额17.2亿元，截至11月底实际投资达34.765亿元，投资完成率达200%。

二、2024年工作思路

2024年，区科技局将继续深入学习贯彻党的二十大精神、习近平总书记重要讲话精神以及省、市、区委全会精神，紧扣忠实践行"八八战略"、强力推进创新深化改革攻坚开放提升、大力实施三个"一号工程"和"十项重大工程"，围绕打造具有核心竞争力的科技创新高地，做好各项任务"争先、进位、创优"的工作准备。

（一）实施创新主体提能工程

针对辖区企业创新能力不足的问题，制订新区企业创新能力提升培训计划。联合相应专业领域高水平的高校和科研院所，对企业家开展企业创新规划、研发活动及组织管理、产学研合作等知识培训和模拟实践活动5次以上。培训新区重点发展的产业链企业负责人、重点内培企业负责人、新生代企业家100人以上。

（二）实施科技企业提质工程

针对部门科技企业质量不高的问题，建立高企培育库"三张清单"准入机制，把握准入标准，以"3+3"行业为重点，在现有规上非高企工业企业、拟上规企业、知识产权优势企业中进行清单化排查，择优纳入高新培育；加强对"后备高企"、预申报"科小"的管理与服务，联合税务部门、税务师事务所、科技服务机构对"后备高企"进行全方位、多维度指导，提高"高企""科小"申报通过率。力争全年申报高新技术企业25家以上，国家科技型中小企业达200家以上、新增省"科小"100以上家，新增市级以上企业研发机构30家以上，培育科技"小巨人"企业1家以上，新增市重点实验室1家以上。

(三)实施技术攻关提效工程

围绕金义新区产业布局,以科技奖补政策为抓手,鼓励企业和科研院所联合技术攻关,积极申报省、市科技计划项目,全年完成各级科技计划项目共40项以上;结合对企服务工作,及时掌握企业技术创新动态,征集产业链关键核心技术攻关需求,建立项目储备库,协调解决重大项目立项过程中遇到的问题,争取早介入、早解决、早实施。引导全社会研发经费投入达到9亿元以上。

(四)实施双链融合接链工程

围绕产业链布局创新链,尝试对接国家级技术转移中心,合作建立信创、高端装备和新能源科技成果概念验证中心。深化科技特派员制度,尝试建立"科技特派团队"对接服务产业链机制,帮助规划产业链技术创新路线图,帮助企业对接联系各类资源,解决各类技术需求。在财政资金保障充足的情况,争取建立1个科技成果概念验证中心,组建2~3支"科技特派团队"。

(五)实施科创平台筑基工程

加强金华花卉苗木产业研究院、金华花卉苗木应用技术推广中心、金华花卉苗木产业创新服务综合体等科技创新平台的管理和考核,提升绩效。跟踪服务,做好浙江大学金华研究院信息技术创新中心5个研发实验室平台、浙江中医药大学金华研究院、北航北斗应用技术研究院建设,持续深化科技合作交流,促进科技成果就近转化落地。以科创平台为主要载体,引入海内外青年科技英才,全年新增外国高端人才和专业人才来华工作人数5名以上。

(六)实施全域科普宣传工程

持续擦亮科协"基层组织建设""院士专家服务"等工作品牌,加强科普阵地建设,新增科普e站平台2个以上,利用科普阵地广泛开展气象、防灾减灾等宣传活动。联合多部门、乡镇、高校广泛开展科普宣传、应急救护课、免费健康体检、健康咨询服务等活动。此外,继续常态化开展全区乡镇科协秘书长工作会议、金义新区全民科学素质能力提升培训班等活动,提高基层科协业务水平。

第十三章　兰溪市

2023年以来，兰溪市科技局以习近平新时代中国特色社会主义思想为指导，按照中央、省、金华、兰溪各级关于科技工作的部署要求，深入贯彻实施创新驱动发展战略，不断壮大创新主体，着力搭建创新平台，加速转化创新成果，持续优化创新生态，全力推动科技创新事业发展，为兰溪市加快打造"新时代典型工业城市"提供科技支撑。

一、2023年工作成效

总体来看，2023年兰溪市科技创新工作呈稳步上升态势，2022年度兰溪创新指数为160.7，较2021年度提升20.7，全省排名第46位，创新指数进步位次全省排名第17位，进步幅度居金华第1位。各项指标也均有一定程度提升，1—11月，规上工业企业研发费用占营业收入比重达3.1%；高新技术产业增加值98.57亿元，同比增长5.3%；高新技术产业增加值占规上工业增加值比重达63.22%；高新技术产业投资额38.63亿元，同比增长20.7%。

二、2024年工作思路

2024年的主要预期目标：全社会R&D经费支出占GDP比重达到2.63%；规上工业企业有研发活动企业数占比达到90%以上，占营收比重达到3.3%；高新技术产业投资增速实现10%以上，占固定资产投资比重超20%；高新技术产业增加值占规上工业增加值比重达到65%以上。

（一）创新主体层面

深入实施科技企业"双倍增"计划升级版，2024年新增国家高新技术企业、省科技型中小企业分别超过30家、80家。加快企业研发机构设置率提升，2024年新建省级企业研发机构10家以上。推行"两清零一提升"行动升级版，力争3亿元以上制造业企业无研发机构清零，5000万元以上制造业企业无研发活动清零，规上制造业企业研发活动覆盖率提升到90%。

（二）创新平台层面

积极融入浙中科创走廊，强化产业能力优势互补，依托重庆大学长三角（兰溪）镁材料研究院，招引 10 名以上产业化及硕博士人才，研发项目开工建设中试基地，承接横向项目 15 个以上，招引镁合金产业项目 5 个以上，轻合金产业园开工建设。加快睿珀智能产业园（二期）、科创服务中心、创新大厦一期等项目完工投用进度，跟进博雷顿电动装载机项目、新能源电驱动系统科创园项目落地建设，实现众鑫智能装备制造项目一期投产，新增 1 家省级孵化器（蓝鹏）。推动锂电行业技术创新中心建设，谋划浙江锂威能源科技有限公司牵头建立金华市技术创新中心，推动浙江盘毂动力科技有限公司创建省级重点企业研究院，以浙江康恩贝制药股份有限公司为主体谋划创建全省重点实验室。

（三）创新项目层面

对标省"315"赛道，从高能级科创平台、重大科创基础设施、网络基础设施、算力基础设施 4 个领域进行项目招引。围绕"3+3+X"产业体系，聚焦纺织、水泥等传统产业，强转型促升级，加快培育发展新能源、新材料等新兴产业，实现项目"从无到有""从有到优"的阶段式推进。加大科技要素支持力度，做好科创指导服务，助推省"千项万亿"科技强基项目（新能源电驱动系统科创园）建设进展，数智谷、美铝轻合金产业园等纳入省科技强基项目。2024 年实施"揭榜挂帅"科技合作项目达 100 项，技术交易额达到 18 亿元以上，登记科技成果达 15 项。提升企业主导重大攻关项目的比重，争取省"尖兵领雁"项目 1 项、金华市重大重点项目立项 10 项以上，其中企业牵头承担的重大科技攻关项目数占总立项数的比重不低于 80%。

（四）创新生态层面

落实政务服务增值化改革事项，实现窗口化咨询、一站式服务，推动科技惠企政策扎实落地。升级科创助理数字化平台应用，谋划科创数据板块，实现增值化科技创新服务数字化改造升级，线上线下服务融合，争创营商环境科技创新服务样板。整合技术转移机构、中介机构、研究院所的科技创新服务功能，重新组建科技大市场，初步构建"研究院+技术转移中心+科技大市场+科技中介机构"科技服务机构体系。梳理研发榜单，选树一批研发占比高、投入大、增速快、科技成果明显的企业典型在工业大会上表彰，借助媒体宣介，营造重视研发、创新的浓厚氛围。深入开展大宣传大走访大培训活动，继续加大科技新政宣传力度和科技业务培训活动，认真落实研发经费反向激励政策，引导企业研发经费归集。

第十四章　东阳市

2023年，东阳市科技局认真贯彻落实市委、市政府关于科技创新工作的方针政策和决策部署，深入实施创新驱动发展战略，对标落实"拓展基本路径，厚植发展新动力要求"，强力推进创新深化，不断迭代完善科技政策，强化企业创新主体培育，扎实推进科创平台建设，持续深化科技交流合作，科技创新发展各项工作取得了良好绩效。

一、2023年工作成效

（一）加大服务力度，创新生态进一步优化

强化科技创新政策扶持力度。修订完善《关于高质量推动科技创新高水平建设科创高地的政策意见（2023年修订）》《东阳市政府科技创新奖评审管理办法（2023年修订）》等政策文件，在研发投入、创新主体培育、科创平台建设、产学研合作等15个方面强化政策引领，特别是将研发投入起补线门槛从200万元下调至100万元，将奖补最高上限从200万元调高至500万元，新增受益企业近百家。积极开展入企"三服务"行动，做好企业"一对一"精准服务，普及科技政策，2023年累计走访企业200多家，发放科技政策宣传资料600多份；组织开展10场研发投入归集培训会和科技服务规范培训会，累计培训企业近600家次。积极向上争取要素支持，2023年获得省财政厅下拨科技发展专项资金补助1284万元，位列金华各县（市、区）第一。

（二）坚持量质并举，创新主体进一步壮大

全力实施科技型企业"双倍增"行动计划，完善"微成长、小升高、高壮大"科技企业梯次培育机制，促进科技企业向专精特新高质量发展。2023年成功获评省科技领军企业1家（金华2家），省科技"小巨人"企业3家（金华9家，数量最多），培育认定国家高新技术企业68家、省科技型中小企业181家，各项培育数均创历史新高，而且木雕家居、建筑产业双双实现国家高新技术企业零的突破。坚持"增量和提质"并举，全力加快企业研发机构建设，建立梯度布局的企业研发机构体系。2023年获批省级以上企业研发机构26家（含1家省重点企业研究院、5家省企业研究院、20家省高新技术企业研发中心）、金华市级企业研发机构205家，规上工业企业研发机构设置率从上年末的29.5%提升至目前的55.6%。

（三）聚焦资源整合，平台能级进一步提升

积极融入浙中科创廊道建设，以"一校四中心"理念全力推进东阳科技城建设。2023年8月，成立了东阳科技城建设攻坚工作专班，各成员单位明确固定的专班成员和联络员参加定期工作碰头会，通报进展、汇总信息、研究难点。智创中心东阳市上大产业发展研究院实质化运行，实现长期入驻创新团队2个，成果项目落地3个；青创中心已进场施工，预计2024年一季度进行试运营；科孵中心启动节点建设，与北大信研院联合成立省内首家县级市概念验证中心，联合举办了世界东阳人大会——"智汇东阳·科创未来"人才科创专场活动，中心已举办北京、杭州、上海3场乡贤科技成果转化研讨会，已组建6人服务团队，打造以东阳籍人才为主的概念验证项目库，已完成项目库入库21项，建设东阳籍人才库，完成入库98人；科创中心已启动施工并完成总工程量的20%。全力推动东阳磁性电子高新技术产业园区创建，2023年11月该产业园区正式被认定为省级高新技术产业园区，实现零的突破。

（四）推进"两链"融合，科技合作进一步深化

围绕四大"千亿"产业布局，扎实开展"三招三引"工作，引导人才、技术、成果、资本等各类创新资源向企业集聚，推进创新链产业链循环融通。开展"揭榜挂帅"全球引才，推进企业发布难题、人才发布成果"双向联动"，截至2023年底，已完成发榜榜单160项、揭榜30项，榜单金额达3462.3万元；完成技术交易额31亿元，超额完成年度目标10亿元。2023年入选省"尖兵""领雁"项目7项、数量居金华第1位，获得省科技奖4项，获奖数与义乌并列第一。

二、2024年工作思路

（一）增强党建引领作用

认真学习贯彻党的二十大精神以及习近平总书记关于科技创新工作的重要论述，用心内部挖潜增效，用力整合服务资源，加强科技干部队伍建设，不断提升科技干部的综合素质和服务能力，以更为紧迫、更有责任、更加扎实、更具精细的作风，聚焦担当创新，聚焦科技服务，不断推进东阳科创事业向纵深发展。

（二）强化创新主体培育

对标"四大千亿"产业，加快实施科技企业"双倍增"计划，2024年力争新增国家高新技术企业40家、省级科技型中小企业150家以上，着力提升企业自主创新能力；重点培育一

批省科技领军企业、省科技"小巨人"企业，打造一批创新龙头企业，提升核心竞争力，抢占产业制高点。持续开展规上工业企业研发费全覆盖行动，力争规上工业企业研发机构设置率达65%以上，全社会R&D经费投入占GDP比重达到3.02%。

（三）加快科创平台体系建设

统筹整合资源，形成高能级平台引育合力。鼓励引导高校、东阳市上大产业发展研究院（简称"上大研究院"）、万亩千亿产业平台、企业等多主体引入科研团队，统筹要素供给等，打造高能级科创平台体系，助推东阳市打造标志性产业链。高质量推进东阳科技城建设，推进上大研究院更多成果项目落地，青创中心实质化运行，科孵中心完成装修并组建运营团队试运行；支持大企业、链主企业牵头建设或组建创新联合体，推动北大信研究院东阳概念验证中心高效运转，加大科创平台仪器设备等资源开发与共享力度，协同开展共性技术研发、梳理产业链图谱等。持续深化校地合作，推动更多高校院所在东设立技术转移服务机构，搭建产学研融合发展的创新平台。

（四）推进核心技术攻关

加强高端人才项目招引，做好国家火炬人才、海外工程师等的申报跟踪，做好人才项目跟踪服务。持续开展全产业全领域的科技创新"揭榜挂帅"行动，提高科研院校科技成果转移转化成效，揭榜挂帅项目达30项以上，达成榜单金额3000万元以上。强化产业共性技术难题攻关，争取列入省"尖兵""领雁"研发攻关计划项目不少于2项，保持金华市领先。

（五）完善科创政策体系

认真分析研判财政支出绩效评价、先进制造业要素保障等专项审计结果，进一步梳理完善现有政策架构，对兑现率不够理想的政策条款进行优化迭代，为经济发展提供更加有效的政策引领、更加方便的政策服务。继续深化科技金融服务，提高"科技贷"顶额、扩大惠及面，让更多企业享受政策支持。通过政策服务体系的迭代升级，努力推动要素资源不断向创新集聚，财政政策持续向创新倾斜，让企业充分利用和享受科技新政实施的红利，不断提高企业科技创新积极性。

（六）承办 2024 中国计算机大会（CNCC 2024）

中国计算机大会是全国计算机领域规模最大、规格最高的学术、技术、产业交流互动大会。2024 年举办地点在东阳市横店镇，会议期间将举办 3 场主旨大会和 120 余场分论坛，参会人数超万人。市科技局将与中国计算机学会（CCF）、横店镇等单位通力配合，发挥牵头抓总作用，把 2024 中国计算机大会举办成为一届有东阳特色的盛会，进一步推动东阳市计算机相关产业蓬勃发展，为经济高质量发展挖掘新的增长点。

（七）高质量推进科技城建设

青创中心：引进企业 15 家以上；举办创新创业类活动、竞赛、讲座、沙龙等 10 场以上；承接东阳市创新创业活动 5 场以上；筹备 2025 年青创中心的国家众创空间平台的申报；做好青创中心省双创示范基地、省众创空间的评估和建设工作；打造"政校企行金介"深度融合的立体生态孵化系统。联合东阳职教中心、横店影视学院等，营造东阳市青年创新创业氛围、助力创业项目的落地和成功孵化。智创中心：东阳市上大产业发展研究院有效运转，电子胶项目年度实现主营业务收入累计 500 万元；水环境项目东禹公司实现年度销售额 1000 万元；引进高层次管理研发团队及人才 16 人，申请知识产权 3 件，孵化科技企业 3 家，打造并申报省级创新平台。科孵中心：投资 9000 万元，完成项目装修、招商运营团队、物业团队的组建，以科技型中小企业为主开展项目招引，为入孵企业提供研发、中试生产和办公等方面的共享设施。北大信研院东阳概念验证中心实体化运行，组建专家顾问团队，配有至少 10 名兼职专家顾问；打造东阳企业需求库、东阳籍人才为主的项目库，入库项目合计不少于 25 项，进入验证服务阶段的项目不少于 9 项，申请知识产权 15 项以上，落地成果转化的项目不少于 4 项；创办（孵化）科技型企业新增 2 家以上；举办全国各地东阳乡贤汇聚活动。科创中心：计划投资额 9234 万元（自筹），完成项目主体建设、装饰及室外绿化，进入竣工验收阶段。

第十五章　义乌市

2023年，义乌市科技局学习贯彻习近平总书记考察浙江重要讲话精神和考察调研金华重要指示精神，全面落实科技创新首位战略，紧扣市委、市政府实施3个"一号工程"，迭代"138"工作体系，以"334"科技创新体系建设工程为抓手，强力推进科技创新各项工作取得新实效。2022年全社会R&D经费投入增速连续两年位居全省17强县市区第一。科技成果转化指数位列全省县（市、区）第一梯队。省科学技术进步奖实现一二三等奖"大满贯"。创新深化、省"315"科技创新体系建设工程3次获评五星。国家级科技人才项目入围实现零的突破。

一、2023年工作成效

（一）主要科技指标走在前列

2022年全社会R&D经费投入35.11亿元，同比增长26.75%；占GDP比重达1.91%，同比增长19.38%，两项增长率均位居全省17强县（市、区）第一。2023年全年完成规上工业企业研发经费投入64.01亿元，占营业收入比重3.73%。完成高新技术产业投资149.03亿元，贡献金华总量的38.73%，位居金华第一；同比增长112.5，增速位居全省17强县（市、区）第一、全省第四。高新技术产业增加值199.1亿元，位居金华第一，同比增长4.8%；占规上工业增加值比重75.05%，位居金华第二。

（二）科技体制创新扎实推进

全面推进营商环境科技指标优化提升，紧扣"双创整体活跃度"指标，围绕技术要素市场化配置、创新类公共服务平台等提出17条改革措施，构建"1+3+1"营商环境科技指标优化提升措施体系，改革方案通过第20次深改会审议。创新科技企业招引机制，将招引主营业务收入1000万元以上且研发投入占比达到3%以上的高新技术产业项目或企业纳入全市招商指引目录。全年招引落地高新技术产业项目2项，提供有效信息5条。

（三）创新阵地建设齐头并进

全面实施浙中科创走廊建设三年行动计划，统筹推进义乌科技城、光电创新城建设，8 个标志性建设项目完成投资 48.44 亿元，完成率达 123%。义乌科技城浙江大学"一带一路"国际医学院正式启用，目前有来自 25 个国家的来华留学生临床医学专业本科教育（MBBS）项目本科生 93 人、研究生 517 人。中国计量大学现代科技学院二期和高等研究院项目已完成可研编制及项目立项。光电创新城引进亿元以上项目 20 个，实现主导产业规上产值 921 亿元。上半年和三季度在浙中科创走廊"六城"建设考核中均获第一名。

（四）重大科研平台多点突破

出台《义乌市推进研究院高质量发展的实施办法（征求意见稿）》，加快推进浙江大学国际健康医学研究院、复旦大学义乌研究院等高能级平台建设，集聚各类高层次人才 117 人，浙江大学国际健康医学研究院与国家生物药技术创新中心合作共建"一带一路"国际合作基地、浙江—丹麦再生与衰老医学联合实验室等省级平台。复旦大学义乌研究院 5 个实验室已基本具备使用条件，注册成立科技公司 5 家，其中在义落地 4 家，在沪落地 1 家，签订各类技术合同及外部合作项目 20 余项，合同金额 3300 余万元。新引进上海交通大学义乌雷达技术联合实验室及产业基地项目，目前已开展场地装修和设备采购。推进爱旭全球光伏联合创新中心、华灿光电省第三代半导体材料与器件重点实验室等创新发展，累计引进各类人才 217 人，获得专利 711 件。

（五）创新主体培育量质双升

深入实施科技主体"双倍增"计划升级版，建立动态迭代培育库，新增省科技型中小企业 319 家，累计 1619 家，完成年度任务的 139.6%；新增国家高新技术企业 76 家，累计 415 家；备案国家科技型中小企业 490 家；新增省科技领军企业 1 家。积极推进双创平台建设，推荐省级、金华市级科技企业孵化器各 1 家。扎实推进研发机构建设，健全研发机构梯次培育机制，提升规上企业研发机构建设覆盖率，新增金华市级研发中心 193 家，同比增长 119.3%；新认定金华市重点实验室 2 家；推荐申报省重点实验室 4 家、省企业研发中心 15 家、省企业研究院 3 家，规上和亿元以上工业企业研发机构设置率提前 3 个月完成年度任务，分别达 55.7%、97.5%。

（六）科技人才项目加速集聚

出台《义乌市引进"海外工程师"实施细则》，积极推进高端人才项目入驻，引进海外工程师2人，推荐申报国家级人才项目30项、省级人才项目60项、创新团队4个。成功立项国家自然科学基金项目22项、省"尖兵领雁+X"项目3项、省自然科学基金项目17项、省新产品试制计划项目87项。扎实推进科技特派员工作，新增科技特派员项目4项。

（七）科技开放合作不断深化

持续深化与浙江大学等大院名校交流合作，推进与南京工业大学战略合作，新增1家技术转移中心。组建"科技联盟"，常态化开展"揭榜挂帅"、产学研合作等科技对接活动48场，发布技术难题285项，技术合同登记备案82项，成果发布235项，攻克难题32个，涉及榜单金额3090.4万元，促成技术交易额57.2亿元。成功主办第五届全球华人遗传学大会，探讨以遗传学为核心的人类生命科学领域面临的一系列热点问题。持续推进外国人来华工作许可，截至2023年底，共有115个国家和地区的6252人在义持证工作，其中外国专家1693人，持证人数位居全省第一。

（八）科技创新生态持续优化

出台《义乌市人民政府关于加强科技创新高质量推进创新型城市建设的若干意见》和6个配套实施细则，形成"1+N"科技创新政策体系。制定《义乌市"334"科技创新体系建设工程行动方案（2023—2025年）》和《义乌市创新深化专题组2023年工作要点》，一体推进科技人才强市建设。优化科技信贷政策支持模式，科技信贷新增在贷余额1.6亿元，惠及科技企业60家。积极落实省"8+4"政策包，向上争取资金2562.5万元，位居金华第一。持续优化政策资金无感兑现服务，从速从快兑现扶持科技发展专项资金8187万元。积极开展科技人才论坛、复旦之星创业大赛义乌赛区路演、科技活动周等活动，营造良好科技创新氛围。

（九）党建领航实现互融互促

深入开展学习贯彻习近平新时代中国特色社会主义思想主题教育，通过集中学习、专家辅导、溯源循迹等形式，开展"两宣三问""立足岗位做贡献、牢记宗旨办实事"和青年干部"明德守法、完善自我"专项行动等活动，推动主题教育走深走实。高质量落实巡视巡察整改，已完成整改28项，整改率96.55%。深入开展"四大双千"活动，帮助企业纾困解难，走访服务企业 1600 余家，解决问题 109 个，4 人被评为季度服务之星。全力护航亚残运会，开展科技类校外培育机构、科技企业孵化器等消防安全检查 46 家次，整改隐患 30 个。扎实开展新时代机关效能革命十大行动，形成干事创业良好局面。规范机关支部标准化建设，认真开展主题党日等组织生活，坚持党员领导干部上党课制度，扎实推进"三清单两项目"工作，深化"在职党员进社区"活动和党员志愿服务，认领微心愿 4 个。局机关党支部获评五星党支部。

二、2024 年工作思路

2024 年，义乌市科技局将深入贯彻落实习近平总书记考察浙江提出的"在以科技创新塑造发展新优势上走在前列"重要指示精神，全面落实科技创新首位战略，紧扣市委、市政府中心工作，迭代升级"334"科技创新体系，推动创新链产业链"双向融通"，全力打造浙中科创走廊核心策源地，2023 年 R&D 经费占 GDP 比重达到 2.07% 以上。

（一）以关键核心指标为重点，激发自主创新活力

一是抓实研发经费投入。引导限额以上服务业、电商行业企业加强创新研发投入，挖掘新增量。加强新招引、新落地企业和月度升规企业的跟踪服务，严格落实研发投入占营业收入不低于 3% 的倒逼约束条件，确保"应统尽统、颗粒归仓"。力争 2024 年规上工业企业研发投入增长 10% 以上，占营业收入比重 3.5% 以上。

二是抓实高新技术产业投资。盯牢招商项目和高税无地企业落实地、产业园区建设，挖掘新增高新技术产业投资项目，动态更新项目储备库，紧盯开门红、半年红、全年红 3 个关键节点，加强指标数据的统筹和调度，力争 2024 年高新技术产业投资实现正增长，一季度同比增长 5% 以上。

三是抓实高新技术产业增加值。按照"培育增量、扩大存量"，聚焦已开工建设的重点项目、月度升规企业、高新技术产业企业等重点攻坚，培育符合高新技术产业目录企业并做大做强，强化服务和推进，不断提升高新技术产业规模，力争 2024 年高新技术产业增加值占规上工业增加值比重达 72% 以上。

（二）以重大科创平台为支撑，提升科技战略力量

一是推进浙中科创走廊提档升级。深入实施浙中科创走廊建设三年行动计划，完善协调沟通机制，主动建设好标志性项目，统筹推进义乌科技城、光电创新城"两城"建设，高质

量建设创新型湖区、人才培育基地和产业创新中心，发展万亩千亿和全球领先的光电产业集群，引导高新园区向创新城区转型。

二是推进重大科研平台提能造峰。加快推进浙江大学国际健康医学研究院、复旦大学义乌研究院、上海交大义乌雷达技术联合实验室等高能级科研平台建设，加快实验室建设，加速引进高层次人才。积极推动中国计量大学现代科技学院、浙江大学"一带一路"国际医学院等高校科研平台建设，助力义乌产业发展。依托科研平台、高校院所，加快实现人才项目落地，推荐申报省级海外工程师1名、省级国际联合实验室1家、省科技奖项目1项以上。

三是推进科技创新主体提质增效。深入实施科技主体"双倍增"计划，探索电商领域高新技术企业培育，迭代更新动态梯次培育库，力争2024年新认定国家高新技术企业50家以上、省科技型中小企业200家以上。深入实施研发机构覆盖提升行动，鼓励有条件的企业积极整合研发场地、配备专职研发人员和研发专用设备，提升研发机构设置率，力争规上工业企业研发机构设置率达到60%以上。推进孵化器、众创空间等双创平台稳量提质，合理布局培育梯队，新建市级以上创新载体2家。

（三）以科技成果转化为动力，打造最优创新生态

一是加强关键核心技术攻关。聚集"4+X"产业关键核心技术，加强产业链高校院所、上下游企业协同攻关，积极申报省"尖兵""领雁"等科技项目，开展产学研合作攻关一批"卡脖子"技术，解决行业共性难题，力争申报省"尖兵""领雁"项目8项以上、金华市级科技计划项目50项以上。

二是强化产学研深度融合。深化"揭榜挂帅"、科技对接等活动，引导企业发挥市场主体作用，积极承接科技成果产业化。发挥技术转移中心作用，深化技术市场建设，推进成果双向转移转化，打造科技成果转移转化最优地。高质量推进科技特派员工作，强化科技助农服务。开展各类科技对接活动30场以上，"揭榜挂帅"签约项目20个以上，揭榜金额1000万元以上。

三是推进科技政策扎实落地。加强科技政策支撑，加快科技扶持资金兑现，确保全年政策兑现率100%。加大科技金融支持力度，持续拓展科技成果"先用后转"保险保费补偿，大力推进"科技贷"，力争发放科技贷1.8亿元以上。

第十六章 永康市

2023年，是全面贯彻落实党的二十大精神开局之年，是实施"十四五"规划的关键之年，是"八八战略"实施20周年。永康市科技局在市委、市政府的坚强领导下，紧紧围绕"335"科技创新体系建设，全面推进"一核多芯"科创大平台、全球五金科技研发之都、全球五金定制创新之都等重大科技工程建设，为经济社会高质量发展提供了有力支撑。现将工作情况报告如下：

一、2023年工作成效

（一）全力推动平台扩容升级，创新引擎功能持续增强

一是全力建设现代农机装备技术创新中心。正式聘任国聘专家、美国约翰迪尔公司原首席工程师韩树丰为创新中心总经理，浙江大学求是特聘教授何勇为首席专家。与浙江大学合作共建浙江大学－永康智能农机装备联合研究中心，浙大专家教授团队多次来永康市对接调研，举办农机装备创新发展论坛，正在开展10余项关键技术研究，为永康市农机产业创新发展提供强有力支撑。二是长三角五金研究院进入实质运作。长三角五金研究院正式获批设立，聘任原浙江省科技信息研究院党委书记应向伟为研究院院长，包括1名博士在内的工作团队已入驻五金产业创新服务综合体开展工作，现已对接10余个项目团队，举办了第一期科技沙龙活动，为后续科技合作奠定良好基础。在市委、市政府的大力支持下，长三角与现代农机科创服务中心获批设立，永康市科技局已面向社会公开招聘、择优调入共计4名事业身份人员已经全部到岗，为协助做好长三角五金研究院和现代农机装备技术创新中心等重大科创平台的建设提供有力保障。三是杭州科创飞地正式启用。5月23日，在杭州浙大森林成功举办永康科创之芯（杭州）启动仪式暨五金产业招才引智大会，浙江大学、中国科学院物理研究所、浙江省科技厅、金华市等有关领导出席，现场共揭牌、签约5项研发机构、人才招引协议。永康市科技创新相关工作获金华市委书记朱重烈2次批示肯定，并在全省科技系统交流会上作典型发言。

（二）全力推动关键核心技术攻关，带动产业链价值跃升

一是实施"五峰计划"。永康五金产业关键核心技术攻关"五峰计划"面向全球正式发布，对列入"五峰计划"榜单的项目，给予项目攻关资金50%的资助，单个项目最高资助1000万元，每个产业最高补助1亿元。二是深化"揭榜挂帅"。农机装备智能控制与先进技术"联合出资挂榜制"入围省共同富裕示范区第三批试点名单，不断推动行业关键共性技术攻关，受邀赴国家发展改革委创新驱动发展中心介绍交流。深入企业征集关键核心技术攻关需求，共发布难题130项、引导高校发布成果27项，13项项目成功揭榜，揭榜金额1700万元。三是引导协同攻关。推荐上报金华市级科技计划项目54项，其中主动设计、重点重大类项目24项，获批立项31项，其中重点重大类项目10项。6个项目被推荐申报省级"尖兵""领雁"项目，数量居金华前列。

（三）全力提升创新主体地位，科创内生动力显著激发

一是深入实施科技企业"双倍增"行动。推荐上报省科技型中小企业201家，上报数量居金华第二；推荐上报国家科技型中小企业483家，同比增长14%，为永康市历年最高；推荐上报高新技术企业127家，专家评审通过121家，其中新认定46家。二是积极培育创新载体。已推荐上报金华市级研发机构294家，并全部通过备案；成功申报省级研发机构25家，数量居历年之最，其中省级高新技术企业研发中心23家、省级企业研究院1家。五金产业创新服务综合体获评全省块状经济考评优秀，系金华唯一；中坚科技获批省级重点农业企业研究院，金华仅2家。对飞哲科技等3个发明专利产业化项目共给予211.2万元奖励，重视企业知识产权，对推动知识产权转化落地产生较好激励作用，年内立项发明专利产业化项目64项。三是着力提升企业研发能力。将企业研发投入作为推动全市科技进步的核心抓手，在2023年初新出台的《关于推动经济高质量发展的若干政策》（永政发〔2023〕38号），对企业研发投入奖励进行大幅优化和完善，降低申报门槛、扩大受惠范围、加大奖励力度，充分发挥政策引导作用。联合各镇（街道、区）工作人员，重点围绕研发费用的提质增量开展较大规模的走访服务，累计走访企业350余家，组织开展集中业务培训12场，参训企业人员已达920人次。

（四）全力推动创新资源集聚，科技赋能企业高质量发展

一是聚焦营商环境优化提升，打造五金产业研发数字概念验证中心，为中小企业提供研发数字化服务23项，帮助企业压缩80%的物理实验时间和50%~80%的研发成本，大幅降低研发试错频率。典型特色入选2023年第三批营商环境"微改革"省级项目库、金华市营商

环境优化提升标志性改革项目，获评金华市营商环境优化提升第一批"最佳实践案例"，被省科技厅专报刊发，向全省推广。二是持续开展科技交流活动。举办2次科技架桥活动，累计开展各类科技对接活动10余次，组织高校专家走访服务企业163家次，达成校地合作1项、校企合作5项，推动永康市企业与西安理工大学、沈阳理工大学、西安微机电研究所、中国科学院自动化研究所等高校院所建立了紧密联系。三是积极招引国内外智力资源。今年预计入选国家级引才计划5人，居金华第3位；申报省级引才29人。多方对接拓展对俄合作途径，举办俄罗斯工程院—永康市政府高层次人才引进线上对接交流会，匹配永康市产业需求储备了3名海外高层次人才。11月接待俄罗斯工程院副院长、院士库斯塔列夫·根纳季·弗拉基米罗维奇一行来永交流，推动中俄农机产业协同创新合作发展。

（五）全力推动创新生态优化，科技创新沃土不断厚植

一是强化政策扶持引领，持续加大平台建设、研发投入、技术攻关的激励。2023年，永康市科技奖补及专项资金突破1.5亿元，同比增长50%。二是积极发挥创新券作用，支持企业申领使用科技创新券，确定1108家企业拥有科技创新券使用资格，新增确认为永康市地方服务载体3家，共兑现创新券项目466项，兑现资金924万元。三是充分营造科创社会氛围。成功举办第28届中国五金博览会高新技术成果展、第10届中国（永康）五金工业设计展。与世界绿色设计组织联合举办第18届中国五金产品国际工业设计大赛并设置百万奖项"金星奖"，收到投稿作品超3000件，"金星奖"投稿增长率达150%以上。永康五金冠名浙江省大学生工业设计竞赛产业赛道，与大赛联动，覆盖全省90%以上的高校，大大提升了大赛在省内的影响力。

二、2024年工作思路

2024年，永康市科技局将对标习近平总书记做出的"浙江要在以科技创新塑造发展新优势上走在前列"重要指示，对金华赋予的"根据实情、发挥优势、扬长补短、再创辉煌"的时代使命和对永康提出的打造"中国乃至世界先进制造业基地"的殷切期望，紧扣省委、金华市委及永康市确定的工作任务，重点开展科创强基行动，做好以下工作：

（一）提升高能级平台质效

一是提升长三角五金研究院科创质效。加快研究院内部资源整合，筹建专业院委员会，强化子平台间的交流合作。积极对接国家级创新资源，参与中国科学技术院所联谊会长三角咨询研究中心建设，强化与浙江大学、西安交通大学、吉林大学等省内外高校、科研院所的

合作交流。举办科技沙龙等特色品牌活动 6 场以上，达成各类科技合作 12 项以上，创建专业研究院 3 家以上，共建企业联合创新中心 3 家以上。二是做大杭州科创飞地集聚效能。确定第三方运营机构、完善基础配套服务和办公设施，招引人才团队及孵化项目 15 个以上。三是持续推进现代农机装备技术创新中心建设。按照上级部门关于省级技术创新中心工作部署，及时补充完善申报资料。支持浙江大学永康农机装备智能研究中心加快推进 11 个项目研究，争取获得阶段性突破。加强与省农科院合作，共建智能农机装备检测中心。

（二）"量质并进"提升创新主体

一是加强科技企业培育。迭代升级科技企业"双倍增"行动，完善"微成长、小升高、高壮大、大变强"的科技企业梯次培育机制。建立高新技术企业培育库，引导企业规范创新研发管理，强化知识产权储备。二是支持企业设置研发机构。引导支持五金技师学院、行业龙头企业申报省级新型研发机构。力争新增金华市级以上企业研发机构 50 家以上，规上企业研发机构设置率达到 60% 以上。三是推进关键技术攻关。紧盯制造业转型升级上的"卡点""堵点""痛点"，进一步发挥组织作用，加强科技计划的统筹管理和组织实施。争取省级"尖兵""领雁"计划攻关项目 1 项以上，立项本地重点产业技术攻关项目 2 项以上，立项发明专利产业化项目 60 项以上。

（三）持续开展研发投入攻坚

深化运用"3+3"（专业+网格服务模式、基准+阶梯绩效考核、正向+反向政策激励）企业研发工作机制，为每个镇（街道、区）配备 1~2 名研发服务专员，为民办非企业配强专业服务团队，提供立项归集、辅助账辅导、统计数据填报等全流程服务，切实提高研发投入归集效率。

（四）产才融合提升科技人才集聚

紧盯新能源、新材料、高端装备、生命健康等新兴产业，深化科技开放合作，进一步与国家级创新平台、国际性科研团队建立对接联系，积极引进创新人才。

（五）推进各类科技服务载体融通发展

推进科技孵化器建设，争取年入孵企业 5 家以上；加速实施"五峰计划"关键共性技术攻关；加快工业设计研究院发展，完善"全球五金定制创新之都"建设配套政策；高水平举办第 19 届中国五金产品国际工业设计大赛、第 11 届中国（永康）五金工业设计展和高新技术成果展等区域特色活动。

（六）积极打造标志性科创成果

一是推行工业科技特派团助企服务"永康模式"。整合科技干部、高校科研院所师生、技术能手、科技服务机构等资源，组建工业科技特派团，实行"企业出题—特派团解题—政府助题"和"需求凝练—指南编制—项目攻关—成果转化"的技术攻关全流程科技帮扶。二是打造科技创新增值服务"永康样本"。打造永康五金产业研发数字验证中心综合平台，协助企业降本增效。迭代升级五金区块链金融服务平台，构建集政策、项目、金融、信息服务于一体的构建"永康科技创新增值服务平台"。三是产出"联合出资挂榜制"省级试点"永康经验"。加快取得农机装备关键技术攻关标志性成果，落实开展第二批攻关榜单技术攻关流程，基本完成试点实施方案确定的目标任务，全面牵引农机产业转型发展，总结提炼"永康经验"，争取获得上级部门的肯定和推广。

第十七章 浦江县

2023年以来，浦江县科技局认真贯彻落实省委创新深化"一号工程"，深入实施县委"科创兴县"战略部署，以加快科技创新体系建设为抓手，重点推进六大科创行动，为县域经济高质量发展提供科技支撑。省科技进步统计监测报告数据显示，浦江县高新技术企业数增速44.3%、居全省第7位，设立研发机构企业数增速94.7%、居全省第9位。2023年，全县规上工业企业研发费用同比增速28.5%、高新技术产业增加值同比增速17.5%，两项指标均列全市第一。

一、2023年工作成效

（一）聚焦创新驱动导向，推动科创主体培育提质增效

一是加强企业梯度培育。聚焦科技主体高质量培育，2023年新增国家高新技术企业39家，通过率连续五年稳居全市前列，新增省科技型中小企业119家，通过国家科技型中小企业评价的企业共计176家，三项指标均超额完成金华市年度考核目标。二是推动创新载体建设。2023年已完成规上工业企业市级研发机构备案135家。已认定省企业研究院2家、省高新技术企业研究开发中心2家。三是深化科技项目攻坚。2023年已申报省级"领雁计划"项目1项；纳入金华市科技计划项目10项，其中重大项目3项、重点项目3项、公益性技术应用研究项目4项；完成各级各类科技计划项目验收66项，其中农业项目18项、工业项目14项、卫生项目27项、省级新产品试制计划项目7项。

（二）聚合创新资源要素，引领科创产业转型提档升级

一是校地合作赋能成果转化。依托浙江大学金华研究院浦江科创中心，举办项目路演活动4期，洽谈项目130项，开展项目专题评审会6次，签约孵化项目9项、产业化落地项目1项。杭州电子科技大学浦江微电子与智能制造研究院针对传统产业积极开展关键核心技术攻关，已承接浦江企业技术合同6个，合同金额400余万元。"恒力炬水晶加工数控系统研发"项目正在攻关推进当中；武汉纺织大学浦江县家纺设计研发中心共完成产品花稿、包装稿及产品展示等4400余项，其中750余件图稿已完成产品转化。二是产研融合积蓄创新动能。发挥科技奖励作用，鼓励和支持企业提高技术创新投入，组织菲尔特、博开机电申报省重大成果转化奖2

项。深化科技"揭榜挂帅"制度，筛选发布技术难题 82 项，目前已完成揭榜 28 项、攻克难题 22 项，兑付榜额达 650 余万元。2023 年全县技术合同成交额达 20.20 亿元，指标完成率排名全市第 2 位。三是聚才引智构筑科创人才高地。深入实施"浦江英才"2.0 计划，建立柔性引才机制，认定金华市海外工程师 2 人，入选浙江省海外引才 1 人；科技口高端人才计划项目新获数 4 项，完成率达 130%，排名全市第 1 位；完成外国人来华工作许可 14 人，其中 A 类 2 人，B 类 12 人；积极开展"百名博士入百企"行动，成功引进 4 名博士及副高职称以上高层次人才到企业任职，已申报专利 13 项，协助企业编制标准 3 部，协助企业发布科研成果论文 2 篇。

（三）聚力创新生态优化，推动科创环境发展提优赋能

一是补齐创新领域"短板"。建立"县、乡、企"三级科创指标协同推进机制，分季度召开科技指标攻坚会 4 次，下发重点指标通报 4 则。集中组织科技实务培训会 9 场次、举办科技创新大讲堂活动 3 期，推动科创政策宣传辅导、直达快享，覆盖企业主、基层科技干部 1200 余人。常态化开展走访调研，累计走访企业 300 余家次，加快打通科技惠企政策与企业需求"堵点"。二是锻造政策惠企"长板"。2023 年制定印发了《关于加快补齐科技创新短板的政策意见》《关于浦江县支持氢能装备制造产业发展办法（试行）》《关于浦江县"科创飞地"管理办法（试行）》等科创政策。三是筑牢科技赋农"样板"。2023 年成功创建了省级葡萄产业农业科技园区，浦江县省级科技园区创建实现零的突破。省市县联动选派科技特派员 45 名、实施科技特派员项目 30 项、育成推广新品种 30 个，在浙江省科技特派员工作 20 周年表彰中浦江县获评"浙江省突出贡献科技特派员"1 人、"浙江省优秀科技特派员"1 人。

二、2024 年工作思路

2024 年，浦江县科技创新工作将深入贯彻落实党的二十大和习近平总书记关于科技创新的重要论述精神，加快推进"在以科技创新塑造发展新优势上走在前列"，聚焦高水平科技自立自强，以强力推进创新深化、持续提升"236"科技创新体系建设水平为牵引，在科创平台、核心技术、创新主体、高层次人才、创新生态等方面攻坚突破，不断塑造发展新动能新优势，破解高质量发展"成长的烦恼"，为全县经济社会发展提供更强的科技支撑。

（一）聚焦平台建设攀高逐峰，构筑科创产业"策源地"

持续推进高端创新资源要素集聚，加强科技基础能力建设，谋划实施高能级科创平台高质量发展行动。一是加快提升孵化器效能。理顺科创园机制，引入专业化运营团队，完善管

理办法，围绕园区在孵企业数、累计毕业企业数等核心指标开展攻坚行动，力争达到国家级科技企业孵化器创建要求。二是建强科创综合服务平台。针对县内科创平台"低小散"问题，整合浙江大学金华研究院浦江科创中心、杭州电子科技大学浦江研究院等高校院所资源，积极引进建设一批高校科研机构、开放式创新平台，加快推动"两步走"发展路线实施：首先，在空间地域上加强布局，加快集聚科研主体和仪器设备、优化配套服务基础设施，使科研活动保持较高强度，形成创新增长极。其次，深化融合体制机制，加大科技投入力度，打造高校科研公共服务平台。三是谋划创建省级高新区。聚焦"又高又新"目标，突出主导产业和支柱产业，围绕省级高新技术产业园区创建亩均增加值、研发经费占高新区生产总值比重、高新技术产业增加值占规上工业增加值比重、高新技术产业投资占固定资产投资比重、规上工业企业研发机构设置率等核心指标，加快推进经济开发区评价指标提升，达到省级高新技术产业园区创建条件。四是奋力打造开放融合新高地。充分发挥区位优势，利用金华最北部区域地理优势，紧抓杭温高铁通车、合温高速建成契机，深度参与长三角G60科创走廊、杭州城西科创大走廊、浙中科创走廊建设，加快融入长三角科创圈，加快谋划布局浦江檀溪科创谷、北部科创带项目，积极承接高端创新要素溢出，打造县域创新型产业集群、塑造优势创新策源地。依托浦江（杭州）科创中心，持续探索"孵化在杭州+产业在浦江"新模式，实现驻地招才、异地研发、本地转化，产学研协同创新发展，2024年累计孵化项目达11项以上。

（二）聚焦关键核心技术攻关，锻造成果转化"硬支撑"

一是深化项目攻坚。充分发挥政府在关键核心技术攻关中的组织作用，加强科技计划的统筹管理和组织实施，着力提升产业基础高级化和产业链现代化水平，支持企业整合优势创新资源，组织实施重大科技专项，解决重点产业技术发展中的重大技术问题，2024年组织申报省"尖兵""领雁"科技计划项目1项以上。二是深化补链强链。围绕科技赋能"3+3"先进制造业集群，聚焦水晶、制锁、绗缝三大传统产业及5G信息、光伏光电、高端设备制造等三大新兴产业，聚焦创新链产业链上的"卡点""堵点""痛点"，深入实施"揭榜挂帅""赛马制"等科技攻关模式，推出企业"揭榜挂帅"技术难题80个以上，其中，针对传统产业开展共性技术难题攻关3项以上，力争申报省科技奖4项以上。三是深化科技中介服务。培育一批重点科技中介服务机构，形成一站式科技成果转移转化创新服务链，确保全年技术交易额总额达到10亿元以上。

（三）聚焦科技主体创新，打造梯度培育"强雁阵"

一是强化企业科技创新主体地位。充分发挥企业"出题人""答题人""阅卷人"作用，大力支持科技型企业整合创新资源，组建创新联合体，加快培育"链主"企业和关键节点控制企业。二是实施科技企业培育"量质并进"计划。完善"微成长、小升高、高壮大、大变强"的科技企业梯次培育机制，坚持"全流程辅导+预申报+预评审"，提升国高企申报质量水平，力争2024年新增国家高新技术企业30家、省科技型中小企业100家、省级科技小巨人企业1家。三是加快农业创新主体培育。持续推进葡萄产业省级农业科技园区创建工作，开展葡萄产业全产业链布局建设，谋划搭建葡萄产业综合服务载体，引进推广农业新品种5项以上。四是迭代升级"两清零一提升"行动。推动实现5000万元以上无研发活动制造业企业、1亿元以上无研发机构制造业企业无研发活动"清零"，规上工业企业研发活动覆盖率提升到75%。培育市级企业研发机构50家以上，重点支持行业龙头企业开展省市级研发载体建设，力争完成建设市级重点实验室1家，省级研发机构3家以上。

（四）聚焦科技人才队伍建设，激发创新发展"活力源"

一是充分发挥平台引才作用。着力搭建高层次人才柔性流动平台，实施异地工作制等人才柔性引进机制，加快引聚"高精尖缺"人才和创新团队。持续开展"百博入企"活动，新增专家工作站2家以上，引进博士到企业任职4人以上。持续深化"以赛引才""以才引才"机制。面向新能源、数字经济等重点产业举办专项创业大赛，加大获奖项目扶持力度，深度挖掘人才资源。二是探索人才和科技项目融合贯通。通过实施薪酬补助、团队资助、科技项目、飞地引才等全链条改革措施，引导企业通过股权激励等措施，把人才团队留在企业里，把实验室建在车间里。力争全年引进具有国内一流水平的科技领军人才、青年科技人才2名以上。三是建强科技特派员服务队伍。从高校、科研院所选派符合基层技术需求的专家人才，利用专业技术优势，加强农业基础科学研究，开展"传帮带"教学，实现"需求"与"技术"精准对接。全年选派35名科技特派员，推动"三农"工作在科技兴农、富农工作中向精、向深发展。

（五）聚焦创新生态优化，建强多方联动"新矩阵"

一是提升科技服务水平。推行科技助企长效服务机制，组织技术专家及统计、税务、财政等部门采取"清单化+个性化+闭环化"企业服务模式，开展"科技讲诊一对一"活动，通过"讲""诊"结合，精准讲解科技政策、助企纾困解难。全年力争高新技术产业投资增长

25%以上、研发经费增长10%以上。二是强化科技金融支撑。加大多元化科技投入，确保县财政科技投入增长15%以上，深化部门与金融机构的合作，加强科技信贷支持，推进"科技银行"建设。加强与县科创基金的协调对接，联合社会资本（国元基金）设立规模为1亿元的支持初创类企业的科创基金，加大股权投资支持创新力度，完善科技创新投融资体系，为科技型企业提供全周期的金融支持。三是厚植创新文化土壤。集中开展"科技创新月"系列宣传活动，常态化推进"四个一"活动模式，即每月举办一场项目路演活动；每季举办一次科技大讲堂、一次科技主题沙龙活动；每年举办一场企业家高峰论坛，营造浓厚科创氛围。

第十八章 武义县

2023年以来，武义县按照省、市目标任务和县委、县政府部署要求，围绕省"315"、市"336"科创体系工程建设，紧扣推动高质量发展、构建新发展格局，在"科技城聚能提级、研究院汇才提智、综合体扩容提档、创新主体增量提质、科技政策快兑提效"5个方面大力实施攻坚提升行动，强力推进"创新深化"工作。

一、2023年工作成效

一是聚力武义科技城体制机制改革。推进科技城企业管理服务体制改革。制定出台《武义科技城孵化区管理实施细则》，明确项目入驻标准、准入程序、年度考核、政策兑现等环节具体内容和要求，探索孵化企业培育颗粒化管理，对园区企业实行优胜劣汰、"腾笼换鸟"。截至目前，已对7家企业进行清退。大力推进招引工作。锚定高新技术企业或行业代码属于高新技术产业的企业及人才创业创新项目，开展招引工作。园区现有入驻企业170家，其中生产型企业24家，科技服务业企业23家，大学生创业园入驻企业23家，其他非生产型企业100家。研发总部入驻率由2022年底的46%提升至70%。2023年1—11月，园区企业实现销售额17.7亿元，同比增长55.8%；税收6220万元，同比增长64.2%。加快推进杭州武义"科创飞地"建设。杭州武义"科创飞地"自2023年3月交付后，目前已完成装修全部投入使用，已累计招引28家企业入驻。

二是全力打造高能级创新平台。高位谋划省级科技园区建设。2023年8月，省科技厅、省发展改革委联合发函，同意武义先进装备制造高新技术产业园区列入省级高新技术产业园区创建名单，园区领导小组正式成立并为园区揭牌。园区现有规模以上企业190家，其中超亿元企业56家，超10亿元企业3家。推动特派员工作由农业向工业领域拓展。武义入选浙江省科技特派团试点县，通过围绕含氟新材料和电动工具重点领域，进一步聚焦新材料及智能制造产业，大力实施科技特派团六大帮扶行动。预计将连续三年获得每年500万资金支持。推进创新主体培育工作。持续开展科技企业"双倍增"行动及规上企业研发机构覆盖工作。推荐高企91家（其中新认定21家）、省级科技型中小企业103家；推荐上报省重点实验室1家（寿仙谷）；新认定省企业研究院8家、省高新技术企业研究开发中心21家，备案市级研发中心216家。目前，规上企业市级研发机构设置率55.5%，亿元以上研发机构设置率

98.68%。1—11月规上企业研发费用19.78亿元，同比增长7.9%。

三是深化产学研合作，推动科技成果转移转化。加强武义智能制造产业技术研究院建设。通过搭建智能制造创新服务体系、搭建智能制造样板工厂、集聚智能制造人才资源，为武义企业转型升级提供有力支持。目前，已对全县超450家企业提供"一对一"入户智能诊断服务。达成产学研合同金额超2500万元。围绕武义电动工具企业"卡脖子"难题，加快手持电动工具角磨机、交流手枪钻研发。目前，已申请专利47件，21件专利获得授权，《手持电动工具模块化装配工艺》团体标准获批。武义智能制造产业技术研究院已形成了院士、教授、博士、硕士、本科的人才梯队，其中包括中国工程院院士庄松林、挪威工程院院士王克胜、外国高层次人才1人、教授与副教授8人、博士4人。全力做好科技奖新突破。浙江寿仙谷医药股份有限公司作为第一完成单位，李明焱作为第一完成人的"灵芝全产业链高品质加工关键技术及产业化"项目获浙江省科学技术进步奖一等奖，为本次金华市唯一一家获此殊荣企业。迭代升级"揭榜挂帅"机制。聚焦突破行业技术壁垒和企业个性难题，建立完善揭榜挂帅新机制。截至目前，排摸、发布技术难题和科研成果榜单130余个，组织高校专家团队与武义企业开展技术合作40批次以上。

四是抓牢农业科技创新。扎实开展科技特派员工作。今年增派省、市科技特派员15个，新增省、市科技特派员项目15项，组织开展小蚕共育技术、低产茶园改造技术等技术培训5场次，参训农民160余人次，引进新品种18个，推广农业新技术15项，科技服务220余次。探索深化与省农科院的合作机制，在省特派员20周年表彰大会上，武义第7次被评选省科技特员工作先进集体。深入推进科技富民强农工作。推荐上报市级社发类项目10项，新增市级社发类项目立项6项。新增2024年省"领雁"研发攻关计划项目2项。陶争荣科技特派员联合武义县裕康农业开发有限公司开展浙江省农业"双强"项目"金华地方鸡遗传资源挖掘与利用"，获省级补助160万元。扎实推进法人科技特派员工作。联合浙江省农科院、农业农村局，聚焦种业创新，大力推进浙江省科技园区农业科技服务中心项目建设，争取上级资金800万元。协同相关部门与省农科院联合举办的"菌粮轮作—羊肚菌设施栽培"现场观摩暨技术交流会、"生姜安全提质生产关键技术研究与应用"项目现场会，活动得到浙江在线、武义新闻等多家媒体报道。

二、2024年工作思路

下一步，武义县科技局将认真贯彻落实习近平总书记提出的"浙江要以科技创新塑造发展新优势上走在前列"重要讲话精神，按照省、市科技工作部署和县委、县政府经济工作的总体要求，围绕1个中心，2个创新，3个提升，实施"123"行动，即围绕深化科技工作体制改革"1"个中心任务；开展武义先进装备制造省级高新园区、科技特派团"武义样板"创建"2"大省级创新工程建设；实施规上创新主体培育提质、科技成果转化、科技富民增效"3"大提升行动，巩固科技创新工作优势，补齐工作短板，为全县经济社会高质量发展贡献科技力量。

一是以创新深化为要求，深化科技工作体制改革。改变思路和重点，聚焦科研院所建设，制定政策，吸引符合武义县产业技术需求的高校到武义建立技术研发类科研平台，开展共性类技术难题攻关；出台扶持性政策，支持行业龙头企业与高校合作，争取校企共建企业研究院1家以上，促进解决行业类技术难题。指导企业加快企业研究院建设，争取全年新建省级以上企业研发机构16家以上，促进企业规范开展技术创新。出台加快科技城创新创业工作的实施意见，提升科技城创新创业水平和平台服务能力，加强集聚优质创新资源，加快科技产业发展，鼓励和吸引高层次人才创新创业，力争把科技城打造成科技创新的策源地、高新技术产业的孵化园、产学研融合的示范区；进一步加强科技城管理运营，研发总部、创新大厦办公楼宇积极招引研发、科技服务等机构，力争完成机构招引入驻；继续推进孵化园区企业培优工作，争取培育3家以上科技型企业，力争完成企业加速器项目建设，制定出台企业入驻加速器管理办法，形成园区"孵化—成长"的初步培育机制。

二是以创新高地为标准，实施两大省级创新工程建设。发挥省级高新园区创建办综合协调作用，统筹相关部门形成工作合力，以"一核两带三区"为建设主场，大力发展先进装备制造、新材料、生命健康等高新技术产业，力争2024年省级高新园区营业收入超281亿元，高新技术产业增加值占规上工业增加值比重达79%以上，规上工业企业研发机构设置率达62%以上。聚焦新材料及智能制造产业，围绕含氟新材料和电动工具重点领域，围绕2个突破、4个提升的建设目标，抓好省级科技特派团帮扶行动，力争全年新增省"尖兵""领雁"项目1项以上，新增省级以上研发机构10家以上，全县高新技术产业增加值占规上工业增加值比重同比增长2个百分点以上，力争高新技术产业投资增速20%以上。

三是以创新赋能为导向，开展三大提升行动。推动创新主体培育提质，建好科技型企业培育库，加快在规上企业中培育高新技术企业和科技型中小企业，力争全年培育科技型企业120家以上，力争省级新型研发机构取得零的突破。引导企业强化科技投入，加快升级改造，形成自己的核心技术和知识产权，规范指导规上企业研发机构设置和活动开展，开展产值5000万元以上企业研发数据归集，提升专项服务行动，提升研发经费总量和有效性，力争全年规上工业企业研发费用增幅10%以上，有效性突破50%；推动武义智能制造产业技术研究院、中国科学院大气物理研究所大气边界层顶生态环境上黄观测站、浙江润优高纯石英材料产业技术研究院等新型研发机构建设。加快科技成果转化落地达产。提高企业中国浙江网上技术市场使用率，发挥给科技成果、技术需求做媒的技术淘宝平台作用，力争普及规上企业技术人员；改革17家工作站的考核导向和工作机制，让高校技术人员更多深入企业一线，掌握企业第一手技术需求和难题，同时让更多高校技术成果能让企业知晓，争取转化落地；每季度定期织开展技术成果发布和难题征集交流会，创造更多的机会让企业和高校、科研院所面对面交流沟通，切实解决高校和企业之间对接难问题，全年力争达成科技合作项目20项以上，完成技术交易额10亿元以上，全年组织申报省海外工程师等各类高层次人才项目3个以上；增强科技富民实效。谋划国家级农业科技园区争创工作，有序推进有机茶药省级农业科技园实验室建设，到2024年底，力争完成种子种苗实验室建设。强化科技项目引领示范，依托院县合作、校企合作，以科技强农为核心，围绕现代种业、现代农业生物技术等重大需求，力争全市实施农业科技项目20项以上。

第十九章　磐安县

2023年，磐安县科技局紧紧围绕"建设'四个新磐安'，深入实施'创新深化'"攻坚行动，不断提升县域科技创新能力和水平，努力为接续奋斗"很高境界的富"贡献科技力量。创新指数居全省第42位，比2022年进步2位，创新指数居全市第2位，被省委省政府评为科技特派员工作先进集体，实现了省创新创业领军人才零的突破，国家高新技术企业和省科技型中小企业完成率，分别居全市第1位和第2位。

一、2023年工作成效

（一）科创主体培育再创佳绩

省级中药产业创新服务综合体建设再获省绩效评价优秀，是连续第3年优秀，并顺利通过了3年建设期验收。金磐数字经济园成为全市科技企业孵化器协会会长单位。磐安中谷青创园被认定为省级众创空间。由省级科技特派员斯金平教授牵头组建，创建了磐安共富学院，围绕中医药产业开展全产业链研究与服务。新认定国家高新技术企业17家，完成率141.67%，新认定省科技型中小企业50家，完成率125%。

（二）研发投入强度持续提升

新认定市级研发中心46家、省高新技术企业研发中心3家，规上工业企业研发机构设置率59.3%，居全市第5，其中亿元以上企业研发机构设置率100%。全县R&D经费支出占GDP的比重2.34%，比2022年提升0.19个百分点。每万名就业人员中R&D人员数161.03人年，比2022年提升26.04人年，居全市第2位。威邦科技股份公司居"2023年浙江省高新技术企业创新能力500强"第104位，这是磐安县企业首次入围浙江创新能力500强企业榜单。

（三）科技项目申报获得突破

申报2024年省"尖兵""领雁"研发攻关计划项目3项，其中外贸药业申报的"冬虫夏草智能化培植关键技术研究"列入26县（海岛县）高质量发展专项立项。浙江恩利交通科技有限公司的"安全帽智慧化应用场景"项目在第二届长三角G60科创走廊（浙江）科技孵化企业创新创业大赛中获二等奖。同时，推荐申报市级科技计划项目 27 项，获立项 7 项，下达实施县级科技计划项目 20 项，引导各企事业单位积极开展共性关键技术研究。

（四）科技人才工作省级表彰

磐安县被省委省政府评为科技特派员工作先进集体。磐安县科技特派员吕永平，作为浙江省唯一科技特派员代表出席浙江省"八八战略"实施 20 周年专场记者见面会，在全省科技特派员代表大会上做交流发言；磐安县 3 名科技特派员荣获浙江省突出贡献科技特派员和浙江省优秀科技特派员。《浙江新闻联播》《浙江日报》《政策瞭望》《浙江信息》《今日浙江》等主流媒体先后介绍磐安县科技特派员工作的做法和经验。2023 年 1 月，浙江鹏孚隆科技股份有限公司王锡铭成功入选省科技创业领军人才，实现了该领域零的突破；11 月下旬，威邦科技陈校波入围了省科技创业领军人才最后答辩，为全市 2 名之一。

（五）科技创新环境持续优化

深入推进"315"科创体系建设工程，省委主题教育第十二指导组到磐安县专题调研科技创新工作，充分肯定磐安县做法。举办全县科技赋能引领数字经济高质量发展专题研讨班，提升相关部门和乡镇（街道）科技干部业务水平。推进"揭榜挂帅"行动，共揭榜 91 项，金额 1.01 亿元。举办科技赋能促共富——高分子材料塑料产业、中医药等科技成果对接会，达成合作意向 45 项。认真开展结对帮扶，被评为全市"千团联千村"共建共富优秀帮扶单位。

二、2024 年工作思路

（一）指导思想

以习近平新时代中国特色社会主义思想为指导，认真贯彻落实党的二十大、省委十五届四次全会、县委十一届五次全会及全省创新深化大会精神，坚决贯彻县委县政府决策部署，勇当先行者、谱写新篇章、以科技创新塑造发展新优势，围绕研发投入、科创平台、科技企业、高新产业、科技合作五位一体，实施十大攻坚行动，推动磐安科技创新水平再上新台阶，促进传统产业改造提升、新兴产业发展壮大，为接续奋斗"很高境界的富"贡献更多科技力量。

（二）目标任务

2024年，力争全社会R&D经费支出占GDP的比重达到2.6%，规上工业企业研发费用占营业收入比重达到3.6%；新增国家高新技术企业12家、省科技型中小企业35家；新培育市级以上企业研发中心10家（其中省级2家），规上工业企业研发机构设置率60%以上；规上工业企业研发费用、高新技术产业增加值、高新技术产业投资分别增长5%、5%、10%；高新技术产业增加值占规上工业增加值比重达到65%；争取实现省科学技术奖零的突破，争取立项省"尖兵""领雁"项目1～2项。

（三）工作举措

①聚焦创新发展，提升研发投入水平。研发投入直接体现一个地区或企业的科技创新水平，要下大力气引导企业加大研发投入，全县R&D经费支出占GDP的比重提升0.2个百分点。一是引导科技研发。要通过部门指导和中介辅导，引导企业开展新产品、新工艺研发，加大研发投入。同时指导企业规范开展研发项目立项和研发经费归集，提高立项精准性，提升研发费用数据有效性。特别是针对科技创新水平好而数据显示研发费用占营业收入占比低的企业，要逐家分析原因，加强服务指导，提高R&D经费贡献度。二是建设研发机构。实施规上工业企业研发机构全覆盖行动，定期召开现场会，通过企业自建和申报省市研发中心两种模式，形成省级企业研究院、省级研发中心、市级研发中心、企业自建研发机构梯次发机构体系，争取用三年时间实现规上工业企业研发机构全覆盖，2024年规上工业企业研发机构设置率60%以上。同时，加大对企业实验室的培育力度，统筹资源，探索建设共享实验室，争取市级重点实验室实现零的突破。三是实施科技项目。加强中医药产业项目申报实施指导，举办全县创新创业大赛，筛选组织企业参加中国创新创业大赛。聚焦省"315"科技创新体系，引导企业加强和高校、科研院所的合作，申报实施省重大研发项目2项以上、市重点研发项目5项以上，下达实施县级科技计划项目10项以上。通过科技项目申报实施，努力增加研发投入。

②聚焦创新服务，加强科创平台建设。科创平台是服务科技创新的重要平台，在努力新增科创平台的同时，着重做好现有科创平台提升工作。一是谋划建设新型科创平台。要会同发改、人才部门，积极推进人才科创飞地落地，积极引导磐安县科技企业入驻市科创飞地，努力解决科技人才引进难留住难、重点研发项目实施难的问题。要围绕中药材、茶叶等农业主导产业，谋划建设省市级星创天地，服务农民无本创业，推动现代农业发展。二是深化现有科创平台建设。要进一步深化省级中药产业创新服务综合体、省级中药材农业科技园区、金磐数字经济园省级科技企业孵化器、金磐脉链产业数字园省级众创空间、市级塑料制品产

业创新服务综合体建设，发挥金磐数字园成为全市科技孵化器协会会长单位作用，申报国家级科技企业孵化器（众创空间），提升服务的广度和深度。

③聚焦夯实基础，培育科技创新企业。科技企业是科技创新的主体，要深入实施"科技企业双倍增"计划升级版，外引和内培并重，大力培育各类科技企业。一是加强高新企业招引。要发挥在外磐安籍人才作用，积极对接省内外知名的科技企业孵化器和高科技龙头企业，努力招引高精尖科技企业。要积极参加国际科技开放合作大会、中国创新创业大赛等科技创新活动，寻找并引进研发强度高、产业前瞻高端的科技创新企业。二是积极培育龙头企业。要规划实施科技龙头企业三年成长计划，在现有国家高新技术企业中，筛选属于三大科创高地领域的、科技创新能力强的、具有一定经济规模和高成长性的15家左右重点企业，通过政策帮扶、项目支持、优质服务，努力培育省科技"小巨人"企业、省隐形冠军企业、链主企业，既实现某个领域全省乃至全国领先，又推动链主企业引领上下游协同发展。三是增加科技企业数量。要突出规上工业企业，建立科技企业培育库，积极帮助企业补齐研发投入、知识产权、高技术产业占比等短板，培育国家高新技术企业12家、省科技型中小企业35家以上。四是扩大高新产业占比。要对标高新技术产业（投资）备案目录，制定项目引进的科技指标最低标准，端口前移积极参与工业项目科技创新考察，新引进一批高新技术产业投资项目或企业，提升高新技术产业投资占比。要积极招引高新技术产业企业，加大对规上工业企业国家高新技术企业培育，扩大高新技术产业增加值比重。全年新增高新技术产业增加值在库企业5家以上、高新技术产业投资项目15项以上。

④聚焦弥补短板，深化科技创新合作。科技创新合作是弥补磐安县科技人才、科技项目等科技资源短缺的有效途径，要加强和高校、科研院所的合作，深化科技特派员工作，助力磐安科技创新。一是加强现有分院分所管理。要完善分院分所管理办法，按照项目清单化、考核晒拼制，加强现有院校磐安技术转移中心（研发机构）的管理考核，对工作开展情况开展晒拼创，鼓励其发挥科研院校母体作用，引进一批符合磐安产业需求的科研项目，小切口、大撬动，推动磐安县特色主导产业高质量发展。二是深化科技特派员工作。要擦亮科技特派员工作先进金名片，召开深化科技特派员工作会议，充分发挥科技特派员派出单位科技资源优势，着重在拓展服务领域、共建科创平台、攻克科技难题三方面进一步做深做实科技特派员工作，助推乡村振兴和共同富裕。同时，争取26县"一县一业"高质量发展工业科技特派团入驻磐安，精准匹配科技、人才、平台、企业等资源，加速科技成果转化和产业化，推动磐安县经济高质量发展。三是切实抓好科技人才工作。要积极排摸推荐重点企业申报省科学技术奖，争取实现零的突破。要发挥青年科技乡贤人才作用，选任一批乡贤为科技经纪人，反哺家乡，为磐安企业的科技工作出谋划策，帮助企业引进、消化和吸收相关科技成果。

⑤聚焦工作落实,优化科技创新生态。创新生态好,则创新活力足。要突出问题导向、效果导向,采取切实有效的措施,进一步优化科技创新生态。一是健全工作体系。提请县委科技创新工作领导小组升格为县委科技创新委员会,下设办公室,实行实体化运作,建立县委县政府和部门之间、部门和部门之间、部门和乡镇(街道)、部门镇街和企业之间多跨协同工作机制,实现战略规划、战术推进有效落实,推动科技创新高质量发展。要根据省市年度工作任务,在吃透研深的基础上,科学制订、细化分解、统筹推进2024年度科技创新和高质量发展目标任务,使年度工作有重点、有目标、有抓手。二是营造创新氛围。要将各类科技创新指标列入相关部门、工业区块、乡镇(街道)年度考核,建立更加科学、有效的考核评价体系,实施月调度、季通报、半年评估常态化考核机制,充分调动全县上下共同参与科技创新的积极性、主动性。要通过引导规上企业制定科技发展规划、开展创新能力十强企业评选、定期举办科技论坛等举措,推动企业加大研发投入、加强技术创新、加快科技成果转化。三是加大政策扶持。要引导企业全面享受研发费用加计扣除和高新技术企业所得税收优惠等税收政策,加大科技政策宣传落实力度,第一时间足额兑现科技创新奖补资金,通过政策扶持引导企业加强科技创新,2024年科技财政投入要增长15%以上。

第二十章　金华开发区

2023年，金华开发区认真学习和贯彻落实习近平总书记在浙江考察时提出的"浙江要在以科技创新塑造发展新优势上走在前列"的精神内涵，坚定实施科技创新首位战略，紧紧围绕全市"336"科创体系建设行动方案，进一步强化企业主体地位，加速科创平台建设，优化产业发展结构，营造科技创业氛围，中央创新城建设和科技创新各项指标稳步前进，为全市创建高水平创新型城市、为开发区加快打造"高质量发展主战场"贡献更多科技力量。

一、2023年工作成效

（一）聚焦平台提质，增强技术研发实力

一是重大科研平台建设进一步提质。浙江大学金华研究院药学中心全面完成第一年建设任务，新引进全职博士和高级职称以上科研人才13名，设立5亿元规模转化药学产业基金，举办国际学术大会1场，婺江鑫药论坛、项目对接会、高层次专家学术交流会等6场，达成院企合作项目12项，新落地科技项目6项，联合本地企业共建实验室5个，获全国颠覆性技术创新大赛最高奖优胜奖1项、成功创建省级工程技术中心。浙江工业大学金华创新联合研究院进一步完善实验室条件建设，签订重大科技合作项目5项，合作金额超4000万元。二是新型研发平台队伍进一步扩大。浙江大学—金华联合创新概念验证中心落户金华之心并正式揭牌运营，是全市首家创新概念验证中心，成立了首期规模5000万元的创新概念验证基金，已验证服务和落地推进项目5项，项目筛选、项目培育、项目投资、联合发展等四大机制正逐步完善。浙师大金开技术创新研究院当年签约落地并建成运营，初步建成数字新媒体、绿色工艺、信息资源、技术转移转化等4个创新中心，现已引进科研团队18个，孵化科技企业4家。由科惠医疗牵头创建的智能康复设备与辅助器具技术创新中心入选首批市级技术创新中心。2022年，完成全社会R&D经费投入12.86亿元，占GDP比重达3.28%，研发强度连续2年居全市首位。

（二）促进两链融合，凝聚协同创新合力

一是坚持以新产品研发为核心，积极促进"315""336"科技创新体系与"2+4+X"先进制造业集群融合共进。全年新立项省"领雁"计划重点研发项目3项，市科技计划项目41

项、其中工业重大项目 13 项，入选全省重大科技成果 1 项，获浙江省科学技术进步奖三等奖 1 项。二是发挥"揭榜挂帅"平台作用，激发校企合作活力。积极摸排征集企业在产品开发、工艺提升、设备改造等方面的技术难题，组织参加首届国际科技开放合作大会（浙江）和第 21 届中国·金华工业科技合作洽谈会，举办生物医药精准分析前沿技术高峰论坛暨科技攻关"揭榜挂帅"签约仪式等大型专场对接活动 2 场，发布企业技术难题 51 项，签约科技合作重大项目 5 项，征集百博入企需求 35 家，全年完成技术交易额 22.63 亿元。三是有效结合龙头引领和平台赋能，不断优化产业结构。协同促进新型研发机构、国家级孵化众创载体、省级特色小镇、科创"飞地"等的高能级科创平台集聚共振，由龙头企业引领打造"金开数字经济高质量发展论坛"品牌，带动软件开发、网络安全、数字娱乐、电子商务、文化创意等新一代信息技术和数字创意产业领域中小企业全链创新提升。进一步发挥省级数字文化省级综合体和市级新能源智造市级综合体在软件测评、新能源汽车配件检测、工程师培训等方面的技术支撑作用，带动数字经济、新能源、生物医药产业协同发展。1—11 月，完成规上工业企业研发费用 17.24 亿元，同比增长 15.6%；完成高新技术产业增加值 78.62 亿元，同比增长 8.1%，高新技术产业增加值占规上工业增加值比重达 64.5%。

（三）壮大主体队伍，夯实创新强工能力

一是"双倍增""双提升"计划顺利推进。通过科创赋能全力支撑工业经济动力转换、结构优化，以强化企业科技创新培育新的经济增长点。全年新增国家高新技术企业 34 家、省级科技型中小企业 142 家，国家科技型中小企业入库 251 家，新增省科技"小巨人"企业 1 家。二是企业研发中心实力大幅增强。金华银河生物科技有限公司成功创建省级重点农业企业研究院，全年新认定省级企业研究院 7 家、研发中心 14 家，新增数量创历史新高。完成市级研发中心备案认定 69 家，其中亿元以上工业企业 11 家，规上工业企业设立市级以上研发机构比例为 64.05%，亿元以上工业企业设立研发机构比例为 98.85%。三是科技人才引育取得历史性突破。1 人成功入选国家火炬计划，实现开发区国家级科技人才培育零的突破。新入选省海外引才专家 2 人、入选海外工程师 2 名等。

（四）升级创业园区，发挥科技孵化效力

一是紧抓科创园区能级提档。菁英电商产业园成功创建全市第 5 家、开发区第 3 家国家级科技企业孵化器，阿里云创新中心成功创建年度全市唯一一家省级科技企业孵化器，禾牧空间创建省级众创空间，浙师大金开技术创新研究院创建市级众创空间；国家级丽泽空间获评全省优秀。二是紧抓创业园区孵化赋能。积极培育、有效引导人才高新项目

入驻孵化，全年新入园孵化科技企业139家，毕业企业43家，在孵企业营业收入首超20亿元。

（五）加快项目建设，提升产业转型动力

一是加快高新产业平台建设。金华之心（二期）主体建筑基本完成建设并陆续投入使用，入驻企业总量超200家，全年实现营收超84亿元，金创绿谷科创综合体（一期）完成方案设计并正式动工建设。环宇科技芯城建设项目（一期）建成开园，未来财富中心、创金大厦、健康生物产业科创园等一批重大产业园区项目开工初步完成主体工程建设。二是加快高新产业项目推进。赛默制药、凌昇动力、卓进半导体、程华集成电路及半导体生产基地、科信智造基地、佳环精工智能产业园、大飞龙智能化未来工厂等一大批重点高新产业项目开工入库并加快推进。三是加快中央创新城配套设施提升。市中医医院中医药传承创新工程基本完成主体建筑建设，文化新天地一期正式动工，海棠医院、山嘴头未来社区、李渔中学、湖底隧道、城市综合管廊等重点配套项目有序推进。创新城三大片区全年共收回企业36家，企业用地2222亩，产业发展空间进一步拓展。1—11月，完成高新技术产业投资39.84亿元，占全社会固定资产投资比重达25.2%，投资结构继续保持全市领先。

二、2024年工作思路

2024年，金华开发区将继续贯彻落实创新深化战略不动摇，深化建"廊"强"链"，以提升企业创新主体动能为核心进一步增强市区工业经济主战场地位，充分发挥科技龙头企业引领作用，多手段促进各类创新要素向重点产业集聚，深入对接长三角G60科创走廊协同发展，深化科技体制改革，创新成果转化机制，奋力创建"以科技创新引领现代化产业体系建设"的先行示范区。

2024年度科技创新十大核心指标任务目标为：①全社会R&D经费支出占GDP比重达到3.30%；②规上工业企业研发费用增长15%、占营业收入比重2.8%；③高新技术产业投资增速高于全社会固投增速、占固定资产比重26%；④高新技术产业增加值增长10%、占规上工业增加值比重65.9%；⑤新增国家高新技术企业33家；⑥新增省科技型中小企业120家；⑦规上工业企业设置研发机构比例达到70%；⑧亿元以上工业企业设置研发中心比例达到100%；⑨主导产业立项市级以上科技项目40项；⑩技术交易总额25亿元以上等。

（一）围绕科研平台提质增效，在提升产业核心技术上求突破

强化浙江大学、浙江工业大学、浙江师范大学研究院专班化服务机制，充分开展院企产学研合作，围绕龙头企业技术需求协同共建技术创新中心、创新联合体等新型科研攻关平台。聚焦市委市政府在开发区布局的新能源汽车及关键零部件、生物医药及医疗器械、机器人、工业机床四大重点产业链，以强链延链补链为导向，建立产业链靶向攻关清单，着力攻克一批关键核心技术，力争在创新药、新型医用材料、新型智造装备、绿色合金材料等细分领域加快铸就"拳头"产品，强力赋能主导产业核心技术提升。全面承接落实"十百千万"科创赋能工程，以科技创新提质增效推动产业创新加速蝶变。

（二）围绕成果转化场景建设，在提升产学研用效能上求突破

充分发挥浙江大学—金华联合创新概念验证中心、中国技术交易所、浙中科技大市场、国家级孵化器等重大成果转化平台建设优势，加大投入迭代升级科技政策，创新成果孵化、科技保险举措，有效促进产学研创新链与产业链、资金链、人才链深度融合。健全成果转移转化政策体系、服务体系、评价体系全流程，全面打通成果转化全过程各环节，协同促进成果转化供给端、需求端、资金端、人才端、服务端共同发力，探索构建集科技成果项目库、联合创新验证中心、项目孵化基地、成果转化基金、"飞地"创新平台、技术经纪人队伍等功能多位一体的成果转移转化体系示范场景。

（三）围绕创新主体提质增量，在提升经济发展动力上求突破

持续开展"两清零一提升"、科技企业"双倍增"专项行动，完善科技企业梯次培育库，提升高新技术企业培育库质量，针对企业在新产品研发、知识产权、科技人才等短板精准发力，整体提高主导产业科研能力，持续赋能加快产业转型升级。加强与科创园区联动，结合科技企业孵化器、加速器、区重大科创平台、特色产业园和小微企业园建设等，地毯式诊断高企苗子。发挥服务机构力量，按照"有研发场地、有研发设备、有研发人员、有研发投入、有研发项目"的"五有"标准，常态化开展"培训＋辅导""诊断＋提升"活动，尤其是针对数字文化、设计服务等中小企业集聚行业开展分类指导、专项提升，切实帮助企业破新、破难，进一步强化企业创新主体地位，以提升广大科技型中小企业创新能力，助力实体经济高质量发展。

（四）围绕科技体制改革深化，在提升协同创新能力上求突破

主动适应新一轮科技机构改革新要求，聚焦系统性、精准性、突破性，加强重点领域、重要环节组织协调。在高新项目源头服务方面，建立完善投资项目入库统筹机制，协同发改、经信等相关部门在综合分析、研判各项结构性投资情况的基础上，在项目谋划、招商、入库、推进等环节优先服务高新技术产业。在提升科技孵化能力方面，引导区内大中型企业组织产业链上下游企业，建设具有明确产业技术方向的专业型孵化器和加速器，利用龙头骨干企业平台，打造资源高度整合、配套高度完善的共创共赢生态系统。进一步明确现有孵化器众创空间的主导行业，探索建立与产业发展相适应的服务模式，优化孵化企业的创新创业环境，提升孵化绩效，引导双创平台向专业化、链条化、生态化方向发展。在高端科技人才引育方面，主动适应人才项目申报的新变化、新要求，在工作方式上采用"前期排摸+后期辅导"并重，将工作重心前移，提前开展并提高项目排摸对接和申报质量。在迭代优化科技政策方面，聚焦新型科研攻关平台建设、科技成果转化示范、高层次人才项目培育等重点领域，强化财政支持和金融投入政策力度，落实财政科技投入稳定增长机制，构建完善科技、人才、产业、金融协同互促的政策体系等。

第三部分

附　录

附录一　2023 年金华科技大事记

1 月

1月4日，金华市政府副市长李斌峰主持召开全市科技工作会议。会议深入学习贯彻党的二十大精神，回顾总结了2022年全市科技创新工作，并对做好2023年科技创新工作、"一季度"开门红及重点工业乡镇抓规上工业企业科技创新进行了研究部署。金华各县（市、区）、金华开发区交流汇报了2022年特色亮点工作、2023年工作思路与重点、一季度开门红举措等。金华市科技局局长陈夙针对会议主题，盘点了2022年工作情况及存在问题，部署了2023年重点工作和一季度开门红举措，以及2023年重点工业乡镇抓规上工业企业科技创新工作的思路举措。

1月4—6日，为贯彻落实金华市委八届三次全体（扩大）会议暨市委经济工作会议、市科技工作会议精神，金华市科技局邀请帕特思产业研究院院长王小勇一行先后到"六城"及联动区科技局实地考察调研，市科技局相关人员一同参加。

1月5日，金华市科技局党组书记、局长陈夙赴义乌调研"科产贸"融合性创新工作，同时开展"大走访大调研大服务大解题"活动。陈夙一行先后走访了金华市义乌针织产业创新服务综合体（义乌市盈云科技有限公司）、浙江博尼时尚控股集团有限公司、Chinagoods 跨境贸易综合服务平台、陆港国际电商城［义乌市电子商务（跨境电商）产业创新服务综合体］等科技企业和创新平台。义乌市科技局党组书记、局长李湛，党组成员兼高新科科长金正春，市科技局综合协调处、市科技信息研究院等相关负责人参加调研。

1月11日，金华市科技局党组书记、局长陈夙赴浦江调研走访科技企业，开展"大走访大调研大服务大解题，千名干部帮千企"活动，活动强调：要以精准高效的服务帮助企业解决实际技术难题，助企发展添动能。陈夙一行先后走访了浙江天晨胶业股份有限公司、浙江艾杰斯生物科技有限公司、浦江亿通塑胶电子有限公司等科技型企业。浦江县副县长汪祖龙，浦江县科技局党组书记钟金伟、局长于朝东，金华市科技局党组成员方黎明、金华市科技局综合协调处及市科技信息研究院等相关负责人参加调研。

1月11日，金华市科技局党组成员赵洪亮携市人才科创中心相关人员赴婺城区、兰溪市抽查调研"百博入企"相关工作，走访服务重点联系企业。

1月12日，浙江大学—金华联合创新概念验证中心成立仪式在浙江大学圆正·启真酒店求是厅举行。浙江大学党委常委、副校长王立忠，金华市政府副市长李斌峰，浙江大学控股集团党委书记、董事长徐金强，党委副书记、总经理余飞鹏，副总经理邵明国，浙江大学科研院副院长吴勇军，金华市科技局党组书记、局长陈凤，浙江省科技厅成果处处长金聪出席仪式。金华市科技局党组成员、副局长陈英主持仪式。

1月13—14日，为深度融入长三角G60科创走廊建设，进一步加强长三角G60科创走廊区域高质量发展建设，更好体现金华元素，由金华市科技局党组成员黄锡锋带队，市金投集团飞地公司曾传奇等人一行赴松江对接考察长三角G60科创走廊、金华（上海）科创中心等相关事项。期间双方以新一年金华融入G60的工作和科创飞地建设进行深入交流。

1月13日，浙江省科技厅公布2022年度省级新型研发机构名单，浙江大学金华研究院榜上有名，为我市浙中科创走廊建设增添新亮点。

1月17日，2023年全省科技工作会议在杭州召开。浙江省科技厅党组书记佟桂莉主持会议并讲话，厅长高鹰忠做工作报告。会议以视频形式召开，各设区市设分会场。金华市科技局及下属单位全体干部、各县（市、区）、金华开发区科技局主要负责人、浙江省省级高新（园）区、部分科技型企业、相关高校和科研院所负责人在金华分会场参加会议。

1月17日，为做好2022年度研发费用投入统计年报工作，提高研发费用数据质量，金华市科技局组织召开研发费用数据质量提升工作座谈会。金华市科技局党组成员、副局长胡卫国主持会议，局党组成员、科技规划与监督处处长郎荣旗，科技规划与监督处副处长管明，市科技信息研究院院长钱卓瑛，各县（市、区）分管副局长及业务科室负责人等参加会议。

1月17日，为加快形成更多可复制可推广的"金华科创飞地典型"，经过前期初审，长三角一体化第二批最佳实践评审会通过线上视频连线。全省省级部门、市级部门、各县市区共41个案例参与本次评审，金华市科技局的优选案例为"金华（上海）科创中心借势扬帆赋能区域一体化高质量发展"获评为最佳实践案例。

1月19日，金华市政府、中国科学技术大学、浙江师范大学在中国科学技术大学国家同步辐射实验室联合举行"金华线站"建设启动仪式。中国科学院院士、中国科学技术大学国家同步辐射实验室主任封东来，金华市政府副市长李斌峰，中国科学技术大学副校长傅尧先后致辞。封东来院士，傅尧副校长，李斌峰副市长，浙江师范大学党委委员、组织部长吕迎春，金华市科技局党组书记、局长陈凤共同启动"金华线站"建设。国家同步辐射实验室党委书记、副主任李良彬主持仪式。

1月28日，金华市民营经济暨先进制造业高质量发展大会在市文化中心举行。市委书记朱重烈出席大会并做重要讲话，市委副书记、市长邢志宏主持大会。会前，市科技局局长陈凤围绕"科创走廊，创新驱动"主题，为市领导及参会企业家介绍金华市2022年科技创新工作情况。大会播放了专题片，表彰通报了2022年全金华市民营经济暨先进制造业领域获得国家、省、市级荣誉和奖励的先进单位（项目），现场对90家先进单位进行了授牌颁证。

1月30日，金华市科技局召开党组扩大会议，局党组书记、局长陈凤，局党组成员，局机关、下属单位正科级干部参加会议。会议传达了二十届中央纪委二次全会、省纪委十五届二次全会和全省深入实施"八八战略"强力推进创新深化改革攻坚开放提升大会、全市民营经济暨先进制造业高质量发展大会等会议精神。

2月

2月1日，由科技部战略规划司牵头的推进G60科创走廊建设专题会议在江苏苏州召开。推进G60科创走廊建设专责小组组长单位、科技部战略规划司二级巡视员薛强，推进G60科创走廊建设专责小组办公室主任、松江区副区长刘福升，苏州市副市长张桥参加会议。长三角G60科创走廊联席会议办公室主任郭淑晴、金华市科技局局长陈凤及其他G60城市科技部门负责人出席。会议深入学习贯彻习近平总书记关于推动长三角一体化发展的重要讲话和指示批示精神，围绕扎实推进G60科创走廊建设专责小组第四次全体会议精神，务实谋划和推进长三角G60科创走廊2023年重点工作，以实际行动更好地服务长三角一体化发展国家战略和构建新发展格局。

2月2日，为深入贯彻落实党的二十大精神，省委、市委和省科技厅关于开展"大走访大调研大服务大解题"活动的部署要求，市科技局党组副书记、副局长张庆奇带队赴浦江县走访服务科技企业，协调解决企业在高新技术产业投资项目实施、R&D费用归集和生产经营中遇到的困难和问题，为企业解难题、鼓干劲、强信心。

2月3日，为推动浙中实验室建设，经省科技厅推荐，金华市科技局党组书记、局长陈凤带队赴杭州进行调研活动，学习先进实验室的管理建设机制和管理工作经验。陈凤一行先后赴白马湖实验室、良渚实验室和天目山实验室等三家省实验室实地调研并进行座谈交流。金华市科技局党组成员、副局长陈英，浙江中医药大学科研部副部长寿旗扬，市科技局科技人才与合作处相关人员陪同调研。

2月3日，为深入宣传贯彻党的二十大和省委十五届二次全会、金华市委八届三次全会等重要会议精神，市科技局党组成员、副局长胡卫国带队赴婺城区科技企业开展"大走访大调研大服务大解题"走访调研活动，为企业送政策、提信心，护航"开门红、首季红"。市科技局科技规划与监督处副处长管明，金华市科技信息研究院院长钱卓瑛（金华市高企协会秘书长），婺城区科技局党组成员、副局长徐亮，婺城区科技局党组成员兼规划监督与人才合作科科长程蕾，金华君安会计师事务所财务专家徐钧、金华市高企协会倪贺等陪同调研。

2月6日，金华市政府新闻办举行金华市推动经济高质量发展政策新闻发布会。会上，金华市科技局局长陈夙结合工作实际，围绕省"315"科技创新体系建设，市科技局出台科技创新政策包，进一步提振市场主体信心，全面顶格承接省"8+4"政策体系，强化科技战略性支撑，推动金华市经济高质量发展等问题做了详细解答。

2月7日，金华市科技局党组成员黄锡锋一行前往磐安，开展"大走访大调研大服务大解题"专项活动。活动围绕创新型城市建设、浙中科创走廊"一廊六城"建设、构建"510"重大科创平台体系，聚焦高新技术产业投资、研发投入归集、重大科创平台建设、企业创新主体培育、重大科技项目实施、重大科技政策宣贯等工作重点，市县联动、精准对接，开展走访调研，帮助解决发展中存在的困难和问题。磐安县科技局党组书记、局长施明亮，磐安县科技局党组成员、副局长陈涛一同参加调研。

2月9日，为深入贯彻落实党的二十大，中央经济工作会议，全省深入实施"八八战略"强力推进创新深化、改革攻坚、开放提升大会精神，全市民营经济暨先进制造业高质量发展大会等重要会议精神，市科技局党组成员、科技规划与监督处处长郎荣旗带队赴东阳市科技企业开展"大走访大调研大服务大解题"走访调研活动，帮助企业解决发展中存在的困难和问题，为企业解难题、鼓干劲、强信心。东阳市政府副市长范锐，东阳市科技局党组书记、局长杜建强，市科技局高新技术与产业化处副处长陈阳兵等陪同调研。

2月9日，为贯彻落实全省科技工作会议精神，全面推进近期科技合作、人才、成果口子重点工作，确保一季度开门红，全市科技合作工作会议在金华之心召开。市科技局党组成员、副局长陈英，市人才科创中心主任陆军雄，市科技人才与合作处相关负责同志，各县（市、区）科技部门分管领导、科室负责人，浙中科技大市场相关负责人，在金相关高校和科研院所参加会议。

2月9日，为推动浙中实验室建设，经浙江省科技厅推荐，金华市科技局党组成员、副局长陈英带队赴瓯江实验室进行调研活动，学习先进省实验室的体制机制、管理运营经验。浙江中医药大学科研部副部长寿旗扬，实验设备科副科长戴灵豪，市科技局科技人才与合作处相关人员参加调研。

2月10日，为提高企业研发投入填报率，提升研发经费归集数据质量，如实反映金华市研发投入情况，促进经济高质量发展，2022年度R&D经费归集专题培训会专场活动在兰溪会场举行。会议由金华市科技局和国家税务总局金华市税务局主办，金华市科技信息研究院、兰溪市科技局、兰溪经济开发区承办，金华市高新技术企业协会协办。本次会议采用线上线下相结合的方式进行，全市共设立10余个分会场，遍布各县（市、区），参会企业数800余家，参会人数达2100余人。

2月10日，由中国科学技术情报学会企业信息管理及情报工作专业委员会、浙江省科学技术情报学会主办的2022年"万方数据杯"浙江省科技信息检索竞赛圆满落幕，金华市科技信息研究院获得本次竞赛最佳组织团队奖。

2月10日，根据"服务企业满意度调查"企业反映的诉求，金华市科技信息研究院积极响应中小企业希望开通科技文献和知识产权检索平台的需求，对本市科技文献信息服务平台进行升级提升，整合了万方、维普、清华同方及incoPat专利数据库等，现只要是金华地区的IP地址用户均可以免费检索和下载科技文献资源，此举受到企业积极响应和热烈拥护。

2月13日，为加强统筹，齐心协力做好市委科技强市建设领导小组第一次全体会议筹备工作，市委科技强市建设领导小组成员单位联络员第一次会议召开。会议由市科技局党组成员、综合协调处处长方黎明主持，各成员单位联络员、市科技局综合协调处工作人员参加会议。市科技局党组成员、副局长陈英出席并讲话。

2月14日，为贯彻落实省科技厅和市政府关于高新区高质量发展的要求，做好2022年度高新区年报统计、企业库填报等工作，加快推动全市高新区争先创优，实现高质量发展，市科技局组织召开了金华市高新技术产业园区高质量发展工作培训会。

2月21日，为贯彻落实全省实施"315"科技创新体系建设工程动员部署会精神，李斌峰副市长一行赴金义新区金华科技城开展调研，市科技局党组书记、局长陈凤，金义新区委常委、副区长夏志坚，市科技局党组成员、副局长陈英，金义新区科技局局长曹锦等参加。

2月23日，由共青团金华市委、市人力资源和社会保障局、市科技局、市农业农村局、市经信局、市退役军人事务局、市银保监分局和金华银行联合主办的"八婺聚英才 智创赢未来"全市青年创新创业大赛总决赛圆满落幕。

2月28日，金华市科技局联合市税务局开展"大走访大调研大服务大解题"走访调研活动，由科技局党组成员（副局长级）赵洪亮带队赴金华市经济开发区科技企业，走访了解企业发展中存在的困难和问题，为企业解难题，鼓干劲，强信心。

2月28日，为贯彻全省"315"科技创新体系建设工程动员部署会精神，持续推进国家高新技术企业、科技型中小企业"双倍增"计划行动，加快培育高新技术企业，助力科技型企业高质量发展，2023年高企申报专题培训会在金华市文化中心剧场举行。会议由金华市科学技术局主办，金华市科技信息研究院、金华市高新技术企业协会承办，参训人员达400余人。本次培训课程主要围绕"高企认定技术要点及注意事项""面向企业技术创新的科技查新工作实践""高企认定财务规范解读""研发机构申报建设辅导"四大课题展开，4位老师从申报高企的主要环节进行了深入浅出的讲解，与会人员纷纷点赞。

2月，科技部、中国科学技术信息研究所发布《国家创新型城市创新能力监测报告2022》《国家创新型城市创新能力评价报告2022》（简称《报告》），对全国97个创新型城市的创新能力进行了综合评价。金华市创新能力指数为46.44，列第59位。《报告》指出，金华市属于创新增长极类别城市，在46个该类别城市中排名第37位，科技创新较为活跃，对高质量发展支撑作用较强。但从创新能力构成看，金华市成果转化力、创新治理力有待提升，重大科技成果产出较少；同时，在高新区发展、开放创新、人才培养等方面存在明显的短板。

3月

3月1日，金华市科技局会同金华市税务局赴东阳市开展研发投入提升服务调研工作，由市科技局副局长胡卫国、市税务局所得税科科长庄美娟带队，科技局规划处及科技人才与创新服务中心等负责同志陪同调研。

3月2日，为贯彻全省"315"科技创新体系建设工程动员部署会议精神，金华市科技企业孵化器协会成立大会在金华市文化中心顺利召开。金华市副市长李斌峰，浙江省科技企业孵化器协会秘书长陈曦等领导莅临指导，市科技局局长陈夙主持会议，并为协会成立揭牌，共同为会长、副会长单位、监事单位授牌。市经信局、市科技局、市民政局、市工商联、团市委等单位领导，各县（市、区）科技部门分管负责人及97名首批会员单位代表出席了本次大会。

3月2日，浙中科创走廊建设指挥部指挥长第一次办公会议召开。金华市副市长、浙中科创走廊建设指挥部指挥长李斌峰出席会议并讲话，会议由常务副指挥长、市科技局局长陈夙主持。专职副指挥长陈英，副指挥长张遵强、夏志坚、朱锋参加，综合协调部、规划建设部、产业发展部、科技人才部主要负责人，婺城区、金义新区、兰溪市、义乌市及金华开发区科技部门主要负责人，"六城"实体化管理机构负责人等列席。会上，省科技厅综合协调处副处长巫毓君、省科技统计研究所所长刘信通过视频形式解读《浙江省科创走廊建设工作指引（试行）》《浙江省科创走廊高质量发展评价指标体系（试行）》。会议通报了2022年度浙中科创走廊建设市直单位和县（市、区）考核结果，审议了《2023年浙中科创走廊建设工作要点》，市科技局汇报2022年度浙中科创走廊建设工作情况，"六城"依次汇报2023年度重点建设项目安排及年度工作计划。

3月7日，为深入贯彻全省实施"315"科技创新体系建设工程动员部署会精神，强化工业乡镇抓科技创新工作，金华市科技局党组书记、局长陈夙带队赴东阳、磐安走访调研工业

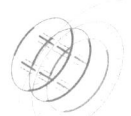

乡镇，强调各工业乡镇要切实增强责任感和紧迫感，充分发挥工业乡镇优势，聚焦企业科技创新能力提升，突出问题导向，强化精准施策，加大激励力度，优化创新服务，不断增强企业核心竞争力，为实现高质量发展提供有力科技支撑。

3月10日，根据省委统一部署，浙江省科技厅党组成员、副厅长吴卿一行赴金华市开展"大走访大调研大服务大解题"活动。吴卿副厅长深入创新平台、农业科技园区和基地，与一线科研人员、重点创新平台负责人深入交流，听取基层科研院所的诉求和发展难题，并给予了指导和鼓励。金华市科技局党组书记、局长陈夙陪同调研。

3月9日，浙江大学—金华联合创新概念验证中心建设领导小组召开第一次全体会议。浙江大学科研院副院长吴勇军、区域创新管理部副部长单立楠，浙江大学控股集团有限公司副总经理邵明国、成果转化与科创服务部部长谢崇波、启真九智（杭州）股权投资有限公司总经理朱光，金华市科技局党组书记、局长陈夙，党组成员、副局长陈英，党组成员、综合协调处处长方黎明，市科技信息研究院院长钱卓瑛等参加会议。

3月9日，金华市委理论学习中心组举行专题学习会，学习贯彻习近平总书记在中共中央政治局第三次集体学习时的重要讲话精神，特别是切实加强基础研究、夯实科技自立自强根基提出一系列重要论断，深入推进金华市"336"科技创新体系建设工程，加快建设浙江中西部人才科创中心，为"打造国际枢纽城、奋进现代都市区"提供科技支撑。

3月10日，义乌高新技术产业园区举行揭牌仪式。浙江省科技厅党组成员、副厅长吴卿，金华市科技局党组副书记、副局长张庆奇，义乌市委常委、副市长杨献等领导出席活动。义乌高新区以信息光电产业为重点和特色，是浙江省级高新区建设工作实行先培育、后认定的"创建制"以来，由省政府发文认定的首批14家省级高新区之一。此次获批挂牌，标志着义乌高新区高质量发展迈入新阶段。

3月15日，金华市内部报刊出版发行协会二届四次会员大会召开，金华市委宣传部部务会议成员、市新闻出版局局长戴敦建出席会议并讲话，金华市内部报刊协会会长王志鹏及协会会员代表参加会议。会上，对2022年度金华市优秀内部报刊和优秀办报办刊人进行了表彰。由金华市科技局主办，金华市科技信息研究院承办的《金华科技》（浙G075号）期刊蝉联三连冠，再度获评为全市优秀内部期刊金奖。

3月16—17日，长三角G60联席办主任、上海市松江区副区长刘福升带队来金华考察调研，并就加快推动长三角G60科创走廊2023年度重点工作落实落地等进行座谈交流。副秘书长陈世河，市科技局党组书记、局长陈夙，金义新区区委常委、副区长夏志坚，金华市科技局、发展改革委、经信局、金融办、科协，市金投集团、浙大金华研究院智库中心、金义新区科技局、开发区科技局等相关单位的分管负责人陪同考察，并出席了长三角G60科创走廊

工作推进交流会。

3月16日，金华市科技局党组书记、局长陈夙带队赴金职院调研省农机收获装备重点实验室并进行座谈交流活动，旨在加强校地合作，深化协同创新，为加强学校科研平台建设，进一步提升学校科研综合实力提建议、强信心。金华职业技术学院校长梁克东、副校长张雁平、学校相关学院领导等参加座谈会。

3月16日，台州市科技局党组成员、副局长李鹏带队来金华市调研浙中科创走廊建设和高新技术产业发展工作。金华市科技局党组成员、副局长陈英，党组成员、综合协调处处长方黎明，市科技信息研究院院长钱卓瑛等接待了台州调研组一行。

3月17—20日，2022年度国际镁科学技术奖颁奖典礼暨镁材料高峰论坛系列活动在兰溪举办。国际镁学会主席、中国工程院院士、重庆市科协主席潘复生，原国际镁协主席、德国国家镁中心主任凯纳（Kainer），韩国首尔国立大学教授、国际著名镁合金专家辛光善，国家金属腐蚀控制工程技术研究中心主任、广东腐蚀科学与技术创新研究院院长韩恩厚，合肥工业大学党委常委、副校长吴玉程，昆明理工大学副校长杨斌，郑州大学副校长关绍康等专家学者及金华、兰溪相关领导参加了重庆大学长三角（兰溪）镁材料研究院投运仪式。

3月21—22日，金华市委书记朱重烈赴市重大科创平台开展专题调研。他强调，各地各部门要高度重视重大科创平台建设，抓住浙中科创走廊纳入全省四大科创走廊布局的重要机遇，集聚高端创新资源要素，推进产业链创新链深度融合，不断提升重大科创平台能级，增强现代都市区硬核实力。

3月23日，金华市政协副主席荣安华带领部分市政协委员赴金义新区围绕市政协年度重点调研课题——"加快金华科技城建设，奋力打造浙江中西部人才科创中心"开展调研。市政协副秘书长袁月飞、教科卫体委主任楼冰参加。

3月29日，为扎实推进2023年度长三角新材料产业更高水平联动发展相关工作，金华市科技局党组黄锡锋带队赴松江调研长三角G60科创走廊，共同谋划推动长三角G60科创走廊产业合作、G60产创协同中心暨金华（上海）科创中心等重点事项。浙中科创走廊指挥部相关人员、金华市首个长三角G60产业联盟（新材料联盟）理事长单位副秘书长谈浒明、陈秀明秘书等参与调研。

3月30日上午，为深入学习贯彻党的二十大精神，加快金华市"336"科技创新体系建设，强化创新主体地位，激发科技创新活力，共享创新发展经验，金华市高新技术企业协会第一届理事会第四次理事会议在金华市水上运动中心体育大楼顺利召开。会议由市高新技术企业协会会长、尖峰集团董事长蒋晓萌主持，出席会议的领导和专家有金华市科技局党组副

书记、副局长张庆奇，浙江省高新技术企业协会秘书长孟佳韵，浙江大学管理学院教授、博士生导师、浙江大学金华研究院智库中心副主任黄灿，浙江大学金华研究院副院长、浙江大学信电学院副教授、硕士生导师徐新民，以及各县（市、区）科技局领导及相关处室负责人。本次会议受邀理事单位52家，共计78名企业代表参会。

3月31日，浙江中医药大学金华研究院（浙中实验室）建设领导小组第一次会议在金华召开。浙江中医药大学副校长温成平，浙江中医药大学办公室主任、发展规划处处长朱建良等学校相关部门负责人，金华市副市长李斌峰、市政府副秘书长陈世河，市级相关部门负责人参加会议。金华市科技局局长陈夙主持会议。

4月

4月13日，金华市科技局组织各县（市、区）科技局、浙中科创走廊"六城"相关负责人，开展专题调研金兰创新城标志性项目建设。

4月19日，作为首届国际科技开放合作大会（浙江）系列活动之一，全球科技精准合作"云对接"挪威绿色技术专场对接会在金华市举行。此次活动由省科技厅、挪威创新署、挪威王国驻沪总领馆和金华市政府共同主办，旨在进一步扩大科技领域开放合作，积极支持浙江省科研主体融入全球创新网络，搭建浙江与挪威绿色技术领域的创新资源对接平台，推进浙江省绿色低碳技术创新，抢占碳达峰中和技术制高点。省科技厅副厅长吴卿，金华市副市长阮刚辉、李斌峰，挪威王国驻沪总领事丽莎，挪威创新署中国区总监、挪威王国驻华使馆商务参赞安若夫参加。

4月20日，在科技部和浙江省政府的指导下，由中国科学技术交流中心、浙江省科技厅与金华市政府联合主办的首届国际科技开放合作大会（浙江）在金华隆重召开。大会以"开放创新、共享发展"为愿景，来自14个国家的400余名国内外知名专家学者、企业家和投资人，围绕生命健康和智能制造融合创新开展对接交流，分享全球最新行业科技资讯、创新创业经验和先进技术成果。科技部副部长张广军，诺贝尔化学奖得主迈克尔·莱维特视频致辞；金华市委书记朱重烈，浙江省政府副秘书长蒋珍贵出席开幕式并致欢迎辞；挪威驻沪总领事馆总领事丽莎，日本科学技术振兴机构（JST）名誉理事长冲村宪树受邀出席大会并致辞；中国科学院院士贺福初，多伦多大学终身教授、"可穿戴计算之父"史蒂夫·曼恩，阿斯利康中国副总裁朱理珺等作主旨演讲。中国科学技术交流中心主任高翔、副主任庄嘉、四级职员富贵等出席开幕式，高翔主持发布《中国科技创新国际化指数研究报告（2022）》和民间国际科技创新服务联盟成立仪式。共300余名嘉宾出席开幕式，其中外方嘉宾90

余人。

4月19—21日,首届国际科技开放合作大会(浙江)在金华成功举办,得到了《人民日报》、中国新闻社、央视、《科技日报》等11家中央级和浙江卫视、《浙江日报》等10家省级及其他各市级主流媒体(含新媒体)的广泛关注和报道,其中,省级以上媒体报道31篇,累计阅读量达400万次。

4月20日,"智造+健康"产业国际开放创新合作论坛在金华举行。国内外优质"智造+健康"产业代表在会议现场展开热烈交流,参会企业达80余家。金华市副市长庄凌飞、科技部中国科学技术交流中心副主任庄嘉、芬兰商会执行总裁Juha Tuominen为本次大会致辞,中国中小企业协会副会长、高新技术产业分会陈晶秘书长主持会议。

4月20日,"链接硅谷 智胜未来"的智能制造产业发展国际论坛在金华市举行。全球知名投资人、创投机构代表、专家学者、企业高管等140多人齐聚论坛现场。美国Founders Space孵化器创始人兼CEO史蒂夫·霍夫曼、Oculus VR的联合创始人和前首席工程师杰克·迈考利、中美创投创始合伙人胡浪涛等。各位专家现场以《硅谷创新文化》《元宇宙,ChatGPT和人工智能的启示和未来机遇》《如何搭建中国式国际化创新生态》等内容为题作主旨演讲,共探前沿理念和技术。

4月20日,"开放共赢"中日韩科技创新合作研讨会在金华市举行。此次活动由中国科学技术交流中心、韩中科学技术合作中心、日本科学技术振兴机构北京代表处主办,浙江省科技交流和人才服务中心、金华市科技局承办。出席此次活动的有中国科学技术交流中心主任高翔、浙江省科技厅副厅长吴卿、日本科学技术振兴机构名誉理事长冲村宪树、韩中科学技术合作中心驻华首席代表徐幸我等23位中外嘉宾,还有来自中日韩三国科技管理部门、大学院校及企业代表共120余人参加专场活动。

4月21日,"中美健康桥"—全球医健产学研合作创新论坛在金华市举行。本次论坛作为本年度"中美健康桥"的首场活动,以"创新变革 引领未来"为主题,围绕浙江"建设国际一流的生命健康科创高地"目标,聚焦领军企业医健创新国际化实践与未来发展、医疗健康创新技术商业化国际合作路径开展专题对话,推动浙江进一步链接全球医疗健康资源。中国科学技术交流中心主任高翔、副主任庄嘉,金华市副市长李斌峰参加。

4月22日,第21届中国·金华工科会系列活动之一,浙江大学金华研究院婺江鑫药论坛·创新制剂研究前沿高峰论坛在金华之心隆重举行。本次论坛以"创新制剂研究前沿"为主题,来自中国科学院、浙江大学、复旦大学、中南大学等知名高校、科研院所的近百名专家学者和医药企业代表汇聚婺江之畔,共享制剂研究前沿技术,共促生物医药创新事业。

4月24日,金华市政府新闻办举行浙中科创走廊建设一周年新闻发布会。发布会上,金

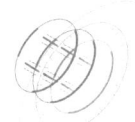

华市政府副秘书长、办公室主任杨寿根介绍了浙中科创走廊建设一周年有关情况。发布人金华市科技局党组书记、局长陈夙，金义新区党工委委员、管委会副主任、金义新区副区长潘钢刚，义乌市经济技术开发区党工委委员、副主任，双江湖新区建设开发指挥部常务副指挥长盛建成就大家关心的问题进行了解答。金华市政府新闻办副主任程杰主持发布会。

4月26—28日，第二届中国（安徽）科技创新成果转化交易会在安徽省合肥市举行，金华市科技局党组成员黄锡锋带队参加了此次活动。

5月

5月4—6日，浙江省委书记易炼红在杭州市开展学习贯彻习近平新时代中国特色社会主义思想主题教育课题蹲点调研，研究如何进一步提升高能级科创平台建设质效和引领示范作用。6日下午，易炼红主持召开高能级科创平台建设座谈会，强调要深入学习贯彻习近平总书记关于科技创新的重要论述精神，增强紧迫感，紧密结合开展主题教育，创新完善体制机制，着力增强核心能力，显著提升创新质效，放大"乘数效应"，进一步促进高能级科创平台更好服务战略目标，集聚杰出人才，营造优秀创新文化，产生重大标志性创新成果，推动高水平科技自立自强，探索走出新型举国体制实践新路子。

5月5日，由科技部战略规划司牵头的推进G60科创走廊建设专题会议在安徽芜湖召开。科技部战略规划司战略处副处长程广宇参加了会议。推进G60科创走廊建设专责小组办公室主任、上海市科委副主任陆敏，江苏省科技厅副厅长赵建国，浙江省科技厅副厅长吴卿，安徽省科技厅副厅长武海峰，G60联席办及九城市长三角G60推进办领导出席了会议。会议深入学习贯彻习近平总书记关于推动长三角一体化发展的重要讲话和指示批示精神，会上G60联席办围绕长三角G60科创走廊2023年重点工作推进情况及相关工作方案起草情况做了专题报告。金华市政府副秘书长陈世河、金华市科技局局长陈夙及相关人员出席了本次会议。

5月9日，万亩千亿平台人才工作调研组一行到金华科技城走访调研。此次走访调研旨在查看万亩千亿平台建设情况，了解产业平台在人才培养方面的好做法，以及进一步提高平台人才的培养质量和能力水平。金华市委人才办专职副主任申玮瑾、市委组织部人才工作处处长廖雄波及金义新区区委组织部副部长、两新工委书记吴磊参加调研并召开座谈会，金义新区投促中心（科技龙芯专班）、区经信局、区科技局、区人力资源社会保障局等部门相关人员，浙江中医药大学金华研究院相关负责人和部分企业代表共同出席了本次座谈会。

5月11日，浙江省科技厅党组成员、副厅长周土法一行先后前往兰溪致德新能源材料有

限公司、浙江锂威能源科技有限公司实地考察企业生产经营、科技创新等情况。金华市科技局党组副书记、副局长张庆奇，兰溪市委常委、副市长于纲等陪同。

5月15日，浙江光电子研究院召开第三次理事会。中国科学院院士、中国科学技术大学国家同步辐射实验室主任、浙江光电子研究院总顾问封东来，中国科学院研究员、合肥先进光源工程总监、浙江光电子研究院总顾问郑晓年，国家同步辐射实验室党委书记、浙江光电子研究院总顾问李良彬，金华市副市长、浙江光电子研究院副理事长李斌峰，浙江师范大学副校长、浙江光电子研究院副理事长钟依均等理事出席会议。会议以视频连线方式召开，金华市相关部门，婺城区、金义新区政府相关负责人及相关部门，浙江师范大学有关学院负责人，中国科学技术大学国家同步辐射实验室专家代表参加会议。市科技局党组书记、局长陈夙主持会议。

5月17—19日，为深入学习贯彻党的二十大精神，推进省"315"科技创新体系建设工程，提升推动各类创新主体应用创新方法，助力金华市创新型城市建设，2023年金华市第一期创新工程师培训班成功举办。170名企业技术骨干、科研院校所的研发负责人脱产学习3天，接受了系统的创新方法培训，培养创新思维，帮助企业提高技术研发和生产经营管理水平，培养一批拥有创新思维、掌握创新方法和创新工具的创新人才。本次培训班由金华市科技局主办，浙江省创新方法浙西片区基地（金华市科技信息研究院）承办，金华市高新技术企业协会协办。

5月19日，为强力推进创新深化、改革攻坚、开放提升，不断强化企业创新主体地位，激发企业科技创新活力，共享创新发展经验，推动金华市高新技术企业和高新技术产业高质量发展，金华市高新技术企业协会第一届理事会第五次会长会议在浙江大维高新技术股份有限公司顺利召开。会议由金华市高新技术企业协会会长、尖峰集团董事长蒋晓萌主持。金华市科技局党组书记、局长陈夙参加会议并致辞，市科技局党组成员、副局长陈英列席参加。浙江大学金华研究院副院长徐新民、浙江中医药大学金华研究院执行院长王辉、浙江光电子研究院副院长沈建国、浙大控股集团成果转化部部长谢崇波，金华市工商联副秘书长、浙中生活融媒体中心主任方辉，金华市科技信息研究院院长兼金华市高新技术企业协会秘书长钱卓瑛等参加会议。

5月20日，2023年金华市科技活动周启动仪式在金华市科技馆举行，金华市副市长李斌峰致辞并宣布活动周启动，金华市科技局党组书记、局长陈夙发布科普倡议。市直有关部门、部分在金高校和新型研发机构，以及婺城区、金义新区、金华开发区等单位代表参加启动仪式。

5月19—21日，为深化金华巴中东西部对口协作助力乡村振兴，推动科技赋能巴中市

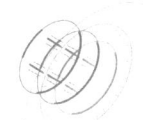

"1+3"主导产业高质量发展,浙江省金华市科技局组织专家对接团赴巴中市开展科技对口合作对接活动,并与巴中市科技局联合举办了中医药产业等专题培训班。对接团由金华市科技局党组成员、规划与监督处处长郎荣旗,市农科院副院长沈建生,中医药研究院药用资源研究中心主任浦锦宝等一行7人组成。

5月22日,金华市科技局党总支部召开换届选举党员大会,选举产生新一届党总支部委员会。党总支部书记赵洪亮主持会议,市政府系统直属机关党委专职书记姚亮到会指导。会议选举赵洪亮等7位同志为新一届总支部委员会委员,并召开新一届党总支部委员会第一次会议,等额选举赵洪亮同志为党总支部书记、汪祖富同志为党总支部副书记。新当选党总支部书记赵洪亮同志作了表态发言。

5月25日,推进长三角G60科创走廊科创生态建设大会在松江举行。上海市委书记陈吉宁,科技部副部长相里斌出席并讲话。会议由推进G60科创走廊建设专责小组副组长、长三角G60科创走廊联席会议执行主席、松江区委书记程向民主持。金华市副市长李斌峰、金华市科技局局长陈夙、金华市金融办主任吕锋及相关部门人员出席了本次会议。

6月

6月1日,金华市科技局党组书记、局长陈夙带队,专题调研义乌工商职业技术学院教育科技人才一体化平台建设工作。义乌工商职业技术学院院长马广、副院长盛湘君、组织部长彭春燕,市科技局相关处室及义乌市科技局负责人一起参加调研。

6月13日,由浙江凯富博科科技有限公司牵头承担的省"尖兵"项目——深海作业机械臂关键技术及设备项目举行启动仪式。金华市科技局党组书记、局长陈夙带领市、区两级科技部门联合指导帮扶,并与团队专家深入交流。

6月13日,为深入贯彻浙江省"315"和金华市"336"科技创新体系建设工程,强化企业科技创新主体地位,帮助企业及时了解和用好用足科技创新政策,更好地助推企业高质量发展,根据省科技厅2023年科技创新政策巡讲安排,以"科技引领,助推企业高质量发展"为主题的2023年全市科技型企业高质量发展专题培训会暨科技创新政策巡讲活动(金华专场)在金华市文化中心隆重举行,市科技局副局长胡卫国主持会议。会议由浙江省科技宣传教育中心、浙江省高新技术企业协会、金华市科技局主办,金华市科技信息研究院、金华市高新技术企业协会承办。会议邀请省政府咨询委员会综合经济部部长、省高新技术企业协会理事长蒋泰维,省科技厅高新处一级主任科员吴扬青,省科技评估和成果转化中心成果转化部副主任饶馨,省科技信息研究院查新中心主任林志坚作授课辅导。本次培训采取线上线下相结合的模式,参会人数超800人。

6月16日,金华市人大常委会副主任姜玉芳,市人大常委会教科文卫工委主任方鹰,副主任寿峰、倪红钢一行调研市科创平台建设。市科技局党组成员、副局长陈英,婺城区政府、金义新区科技局相关负责人陪同调研。

6月26日,浙江省科技成果转化"双百千万"专项行动——中国计量大学服务浙江"315"科技创新体系义乌专场活动在中国计量大学现代科技学院举办。

6月28日,金华市委书记朱重烈率金华代表团赴澳门科技大学开展中医药科技合作交流活动。金华市与澳门科技大学签订共建战略合作协议,共建联合研发中心,共建人才联合培养基地,金澳携手共推中医药科研创新和产业发展。座谈会上,澳门科技大学校监廖泽云、校董贺定一、市委书记朱重烈分别讲话。双方表示,要深入学习领会习近平总书记给澳科大师生的回信精神,坚定不移深化金澳两地交流合作,为"一国两制"事业添砖加瓦。澳门科技大学副校长、中药质量研究国家重点实验室(澳门科技大学)主任姜志宏,市领导王健、陈峰齐、阮刚辉等出席。浙江中医药大学副校长、浙中实验室负责人温成平介绍浙中实验室相关情况。

6月29日,金华市委理论学习中心组举行《论科技自立自强》专题文集学习会,深入学习习近平总书记关于科技自立自强的重要论述,贯彻落实中央和省委决策部署,在深入实施"八八战略"、强力推进创新深化改革攻坚开放提升和三个"一号工程"中谋深谋实关键招、聚焦聚力新突破,推动科技创新"关键变量"成为"打造国际枢纽城、奋进现代都市区"的"最大增量"。市委书记朱重烈主持会议并讲话。邢志宏、陈玲玲、蔡永波等出席会议,王健、张新宇、李斌峰作交流发言。

6月29日,金华市委常委会召开会议,传达学习习近平总书记给浙江省科技特派员代表的重要回信精神,研究部署金华市贯彻落实意见。市委书记朱重烈主持会议并讲话。

6月30日下午,浙江省委学习贯彻习近平新时代中国特色社会主义思想主题教育专题党课暨激励干部担当作为表彰大会以视频形式召开。会议表彰省担当作为好干部、省担当作为好支书和"红色根脉"强基示范县(市、区)、示范乡镇(街道)、示范村(社区)。金华市科技局党组书记、局长陈夙荣获"浙江省担当作为好干部"称号。

7月

7月4日,金华市委第二巡察组巡察市科技局党组工作动员会召开。会前,市委第二巡察组组长陈敏主持召开与市科技局党组领导班子的见面沟通会,通报了有关工作安排。会上,陈敏作了动员讲话，市委组织部副部长黄涨锋就配合做好巡察工作提出要求，市科技局党组书记、局长陈夙主持会议并作表态发言。

7月5日，金华市召开落实习近平总书记给浙江省科技特派员代表重要回信精神工作部署会。金华市副市长李斌峰主持会议。会上，市科技局党组副书记、副局长张庆奇传达了习近平总书记给浙江省科技特派员代表重要回信和省委常委会、省科技特派员座谈会、市委常委会有关会议精神。婺城区科技局、武义县科技局作为科技特派员派驻地单位代表作了发言，沈建生、曹春信分别代表团队和个人科技特派员做了交流发言。

7月7日，金华市科技局党组成员、副局长、二级调研员胡卫国带领市科技信息研究院工作人员、浙江大学—金华联合创新概念验证中心工作人员，赴婺城区企业开展2023年市科技重大重点项目实地核查和助企纾困走访服务。

7月7日，金华市政协主席宋志恒带队调研科技创新工作。他强调，要坚决贯彻市委人才强市、创新强市首位战略，着力推动教育、科技、人才一体推进，以更大力度助推浙江中西部人才科创中心建设。市政协副主席荣安华，市政协秘书长程长生参加。市科技局党组书记、局长陈夙，市科技局党组成员、副局长陈英陪同调研。

7月10日，金华市科技局组织"七一"专题党课活动，党组书记、局长陈夙为全体干部职工作了"循迹溯源学思践悟　感恩奋进实干争先"在高水平科技自立自强中贡献更多金华力量的党课辅导。

7月12日，金华市科技局党组书记、局长陈夙赴武义县调研创新深化工作，调研组实地考察了金华市聚杰电器有限公司、浙江金澳兰机床有限公司。

7月13日，2023长三角G60科创走廊新能源和智能网联汽车产业协同发展大会在宣城宁国市举行。金华市科技局党组成员黄锡锋出席参加了此次会议。

7月17日，浙江大学金华研究院管理委员会第三次会议召开。会议由金华市政府副秘书长陈世河主持，金华市副市长李斌峰出席会议并讲话，市科技局党组成员、副局长陈英参加会议。

7月19—21日，2023年金华市科技创新优秀企业家培训班（五金工具行业）成功举办。本次培训由金华市科技局主办，金华市科技信息研究院、金华市高新技术企业协会承办。

7月28日，全市科技合作工作会议在金华之心召开。金华市科技局党组成员、副局长陈英参加会议。全面梳理回顾了全市上半年科技合作、人才、成果口重点工作并部署了下半年工作。

8月

8月1—2日,长三角G60科创走廊联席会议办公室科创组组长、松江区科创发展办副主任宋苏伟带队来金华市开展第二批G60科技成果转移转化示范基地建设专题调研,金华市科技局党组成员、副局长陈英陪同调研并出席座谈会。

8月9日,全市科创平台建设推进会议在金华之心召开。金华市科技局党组书记、局长陈夙,市科技局党组成员、副局长陈英参加会议。

8月11日,由金华市科技局主办的"凝聚智库力量 服务国家战略——首届高端智库支持长三角G60科创走廊一体化高质量发展大会"在金华市成功举行。中国工程院院士、城市规划专家、德国国家工程科学院院士、同济大学建筑与城市规划学院名誉院长吴志强等专家代表,推进G60科创走廊建设专责小组办公室主任、长三角G60科创走廊联席会议办公室主任、上海市松江区委常委、副区长刘福升,金华市副市长李斌峰出席会议并致辞。

8月14日,复旦大学校领导一行来义乌科技城复旦大学义乌研究院考察调研,双方就合作事宜进行深入交流。合作交流会上,复旦大学党委书记裘新,复旦大学校长、中国科学院院士金力,金华市委书记朱重烈,金华市委常委、义乌市委书记王健分别讲话。

8月16—17日,全省科创走廊和国家创新型城市、县(市)建设业务培训班在金华市顺利举办。来自各设区市科技局、科创走廊管理机构和13个国家创新型县(市)科技局的50余名学员参加培训。市科技局党组书记、局长陈夙在会上交流汇报了金华市科技创新工作情况和浙中科创走廊建设情况,并推介了浙中科创走廊"六城"协同在线平台项目。

8月24日,浙江省委书记易炼红在浙江省科技特派员工作20周年总结表彰大会上强调,要深入学习贯彻习近平总书记给省科技特派员代表的重要回信精神,带着感情学、带着使命悟、带着责任干,切实把习近平总书记的激励鞭策转化为感恩奋进、实干争先的强大动力,推动科技特派员制度走深走实、示范引领,为浙江省坚定不移深入实施"八八战略"、在推进共同富裕和中国式现代化建设中发挥示范引领作用提供有力的科技和人才支撑。

8月30日,金华市科技局党组书记、局长陈夙一行赴武义调研科技创新工作,先后实地走访了武义科技城、武义智能制造产业技术研究院、浙江焱木科技有限公司,武义科技局党组书记陈海林、党组成员潘铨陪同。

9月

9月4—6日,巴中市科技局党组书记、局长何源带领科技代表团来金华市考察科技创新工作。金华市科技局陈夙、胡卫国、赵洪亮、黄锡锋等局领导陪同考察。

9月5日,金华市科技型企业创新发展暨"两清零一提升"工作业务培训会在市文化中心举行。会议由浙江省高新技术企业协会、浙江省科技宣传教育中心、金华市科技局主办,金华市高新技术企业协会承办。

9月6日,第二届长三角G60科创走廊科技与产业创新大赛暨第二届长三角G60科创走廊(浙江)科技孵化企业创新创业大赛金华赛区初赛在金磐数字经济园举行,金华市科技局党组成员、副局长胡卫国,市科技局党组成员黄锡锋出席活动,各县(市、区)科技局相关负责人、专家评委、参赛代表等共计百余人参加活动。

9月14日,金华市科技局召开学习贯彻习近平新时代中国特色社会主义思想主题教育动员部署会,局党组书记、局长陈夙出席会议并讲话。

9月11—15日,金华市科创智造高地建设专题培训班在省委党校文欣校区顺利举办。相关县(市、区)政府、浙中科创走廊建设指挥部成员单位、"六城"实体化管理机构及县(市、区)科技局负责人和业务骨干共50余人参加。

9月19日,金华市副市长章旭升带队调研师大创新城和中央创新重大科创平台建设情况,市政府副秘书长陈世河,市科技局党组书记、局长陈夙,婺城区、金华开发区相关负责人参加。

9月28日,金华市科技局召开全体干部会议,专题传达学习习近平总书记考察浙江重要讲话精神和考察调研金华重要指示精神,按照省委常委会、全省领导干部会议和市委常委会、全市领导干部会议的部署,研究贯彻落实措施。市科技局党组书记、局长陈夙主持会议并讲话,局机关及下属单位全体干部、浙江大学金华研究院中层以上干部参加会议。

10月

10月18日,永康市科技局组织金华市20多家设计机构和企业代表,赴广东省广州市广交会产品设计与贸易促进中心交流学习,并参加第134届秋季广交会。

10月24日,由金华市科技局、金华经济技术开发区管委会指导,浙江大学金华研究院主办,金华市高新技术企业协会、金华市知识产权联合会、金华市青年科学技术协会协办的"数智时代的创新与知识产权管理研讨会"在浙江大学金华研究院智库中心圆满举行。会议汇聚了企业知识产权管理领域的知名专家、金华市优秀企业家代表共40多名嘉宾齐聚焦数智时代的创新战略和知识产权管理,展开风险挑战与机遇应对的深度探讨。

10月26日,2023年中国创新方法大赛浙江赛区决赛在杭州举行。金华市3家企业的4个项目入围决赛,经过材料评审、理论测试、现场答辩等多环节的激烈角逐,浙江大维高新技术股份有限公司的项目"基于TRIZ创新的低温等离子除臭效率的提高"荣获浙江赛区二等奖。

10月27日，浙中科创走廊建设指挥部指挥长第三次办公会议在中央创新城浙江大学金华研究院召开。会议由常务副指挥长、金华市科技局局长陈夙主持。金华市副市长章旭升出席并讲话。

10月30日，浙江省科技信息研究院副院长胡芒谷一行5人来金调研"引进大院名校，共建创新载体"工作情况。金华市科技信息研究院院长钱卓瑛、市科技局科技人才与合作处负责人洪文华等人员陪同调研。

10月31日，浙江省科技厅召开全省科技系统"315"科技创新体系建设工程三季度调度会，进一步学深悟透习近平总书记考察浙江重要讲话精神，调度推进"315"科技创新体系建设工程。省科技厅厅长高鹰忠出席会议并讲话，厅党组成员、副厅长孟小军主持并通报全省"315"科技创新体系建设工程三季度进展情况、部署下步工作。

10月30—31日，2023年科技文献分析与利用能力提升研讨会在金华市成功举办。会议由金华市科技局高新技术与产业化处负责人钱卓瑛主持，金华市科技局党组成员、副局长胡卫国，浙江省科技信息研究院副院长胡芒谷，上海万方数据有限公司总经理王亚楠分别致辞。

11月

11月2日，首届国际量子光子学大会筹备会通过腾讯会议系统举行，分别在上海、天津和金华设置会场。会议由大会筹备工作领导小组副组长、金华市科技局局长陈夙主持。金华市副市长章旭升、中国科学技术大学上海研究院执行院长陆朝阳、中国光学工程学会副秘书长李瑾、浙江师范大学副校长张建珍出席并讲话。

11月8日，金华市副市长庄凌飞带队参加第六届中国国际进口博览会长三角G60科创走廊高质量发展要素对接大会暨推进G60科创走廊建设专责小组第五次全体会议。科技部党组成员、副部长吴朝晖，上海市副市长刘多，浙江省科技厅党组成员、副厅长吴卿及长三角G60科创走廊专责小组成员单位和松江、嘉兴、杭州、金华、苏州、湖州、宣城、芜湖、合肥九城领导齐聚一堂，共议长三角G60科创走廊高质量发展。

11月10日，2023年度R&D经费归集专题培训会在金华市文化中心举行，本次培训共设置1个主会场和8个分会场，由金华市科技局、国家税务总局金华市税务局主办，金华市科技信息研究院、金华市高新技术企业协会承办。

11月10日，全省创新深化大会在杭州市举行，会上颁发了2022年度浙江省科学技术奖，金华市共有15个项目获奖，其中以第一完成单位获得的奖项有9个，创历史新高。

11月14日，浙江省科技厅党组书记佟桂莉一行来金开展工作调研。金华市副市长章旭升，市科技局党组书记、局长陈夙，相关县（市、区）领导等陪同调研。

11月18日，金华市科技局联合浙江大学金华研究院和浙江中医药大学金华研究院在金华市农业科学研究院篮球馆组织开展了一场别开生面的趣味运动会，80余名干部职工参加。

11月25日，"2023国际量子光子学大会"在金华市开幕。本次大会由中国光学工程学会、中国科学技术大学上海研究院、浙江师范大学、金华市人民政府共同主办。大会以"量子之光　点亮未来"为主题，聚焦量子计算、量子通信、量子精密测量和相关产业开展学术研讨和应用对接等。会议规模达600余人，包括来自美国、英国、德国、法国、日本、奥地利、瑞典、新加坡、意大利、丹麦、澳大利亚等16个国家和地区的50余名境外专家。

11月28日，浙江中医药大学金华研究院成功举办"浙中实验室产研合作集中签约暨产学融合学术沙龙"。浙江中医药大学副校长、党委委员、金华研究院院长温成平，金华市科技局党组书记、局长陈夙等出席了本次活动，包括浙江中医药大学金华研究院在内的60余名代表齐聚金华科技城，共商浙中实验室产研合作发展。

12月

12月5日，由金华市科技局主办的"首批长三角G60科创走廊科技成果转移转化示范基地建设情况评估会"在金华市顺利举办。金华市科技局党组成员、副局长陈英，金华市科技局党组成员黄锡锋，长三角G60科创走廊联席会议办公室科创组组长宋苏伟、综合组组长张杨及科创组全体人员，九城市相关科技部门和11家示范基地代表参与本次会议。

12月6日，金华市科技局党组书记、局长陈夙一行赴武义调研科技创新工作，调研组先后实地走访了武义浙柳碳中和研究所、浙江润优新材料科技有限公司，武义县副县长李献武、县金融办主任朱政建、县科技局局长汤琳球陪同。

12月7日，2023年度全省山区26县与大院名校"一县一校（院）"结对合作签约活动在龙游举行。武义县科技局组织4家企业及高校、科研院所代表参加签约。会上，共有8个项目进行了现场签约，其中，来自武义县的金华市聚杰电器有限公司、金华新天齿轮有限公司分别与上海电动工具研究所、上海第二工业大学签署了合作协议，合作金额达440余万元。

12月12—15日，吉林省四平市委常委、副市长葛越峰带科技局及相关企业负责人来金考察，调研产学研合作、"揭榜挂帅"、成果转化等事宜。金华市副市长章旭升，市政府副秘书长陈世河，市科技局党组书记、局长陈夙，市科技局党组成员黄锡锋及相关县（市、区）领导和科技部门负责人分别陪同。

12月12日，浙江大学—金华联合创新概念验证中心建设推进会召开，推进概念验证中心建设和项目落地，加快构建新型科技成果转移转化体系。浙江大学科学技术研究院副院长吴勇军，浙大控股集团副总经理邵明国，市政府副秘书长陈世河，市金投集团党委副书记、总经理陈安，市、县科技部门相关负责人及市内外部分高校院所、科创平台、金融机构及企业代表参会。

附录二 2022年度金华市获浙江省科学技术奖项目（获奖者）情况

序号	成果名称	第一完成单位	第一完成人	提名奖种	提名等级	提名单位
1	灵芝全产业链高品质加工关键技术及产业化	浙江寿仙谷医药股份有限公司	李明焱	科学技术进步奖	一等奖	行业协会
2	肺癌精准诊疗关键技术创新及应用	浙江大学附属第四医院	王凯	科学技术进步奖	一等奖	浙江大学提名
3	Micro-LED显示芯片关键技术研发及产业化	华灿光电（浙江）有限公司	王江波	科学技术进步奖	二等奖	义乌市人民政府
4	重要大品种普乐安上市后技术提升及国际化应用	浙江康恩贝制药股份有限公司	姚建标	科学技术进步奖	三等奖	兰溪市人民政府
5	面向5G+微波器件的磁组件材料关键制备技术及其产业化	东阳富仕特磁业有限公司	李凌峰	科学技术进步奖	三等奖	东阳市人民政府
6	听觉系统功能障碍的发病机制及治疗关键技术	义乌市中心医院	楼正才	科学技术进步奖	三等奖	义乌市人民政府
7	高效率低成本P型单晶PERC太阳电池产业化关键技术	浙江爱旭太阳能科技有限公司	陈刚	科学技术进步奖	三等奖	义乌市人民政府
8	高性能凸轮轴制造关键技术、加工装备及产业化应用	浙江博星工贸有限公司	周康康	科学技术进步奖	三等奖	金华市人民政府
9	数字化平台的管理控制与群决策优化方法	浙江师范大学	段文奇	自然科学奖	三等奖	浙江师范大学

续表

序号	成果名称	第一完成单位	第一完成人	提名奖种	提名等级	提名单位
		参与完成成果				
10	大品种非天然氨基酸先进制造关键技术及产业化	浙江工业大学，浙江普洛家园药业有限公司（第二完成单位，东阳）	郑仁明	科学技术进步奖	一等奖	浙江省教育厅
11	精密永磁同服电机与控制关键技术及应用	中国科学院宁波材料技术与工程研究所，浙江联宜电机有限公司（第五完成单位，东阳）	张驰	科学技术进步奖	一等奖	中国科学院宁波材料技术与工程研究所
12	食品典型致敏源识别检测与靶向控制关键技术研究及应用	浙江工商大学，浙江李子园食品股份有限公司（第二完成单位，金东）	傅玲琳	科学技术进步奖	一等奖	浙江省教育厅
13	有机肥料提质增效安全利用关键技术	浙江省农业科学院，金华市肥料管理站（第三完成单位，市本级）	虞轶俊	科学技术进步奖	二等奖	
14	农用地土壤镉污染防控与修复关键技术及应用	浙江大学，浙江丰瑜生态科技股份有限公司（第六完成单位，浦江）	杨肖娥	科学技术进步奖	二等奖	
15	罐车与管道油气储运智能化安全防控关键技术及应用	浙江省特种设备科学研究院，浙江金象科技有限公司（第五完成单位，东阳）	钟海见	科学技术进步奖	二等奖	

备注：科技奖指数所指科技奖：以第一完成单位获奖国家、省科技奖。A类：国家科技奖一等奖及以上，省科技大奖。B类：国家科技大奖；C类：省科技奖一等奖；D类：省科技奖二等奖；省科技奖三等奖。

科技奖指数＝（A类奖项数×4＋B类奖项数×2＋C类奖项数×1＋D类奖项数×0.5）/就业人数。

2021年全市第一完成单位获奖：二等奖1项，三等奖5项。

2022年全市第一完成单位获奖：一等奖2项，二等奖1项，三等奖6项。

附录三 2023年度优秀特派员名单

附表 3-1 浙江省突出贡献科技特派员名单

序号	地区	单位	姓名
1	金华	浙江农林大学	斯金平
2	金华	浙江省农业科学院	吴江
3	金华	浙江省农业科学院	蔡为明

附表 3-2 浙江省优秀科技特派员名单

序号	地市	单位	姓名
1	金华	金华市农业科学研究院	沈建生
2	金华	浙江省农业科学院	朱开元
3	金华	浙江省农业科学院	徐明飞
4	金华	金华市农业科学研究院	楼芳芳
5	金华	浙江省中医药研究院	浦锦宝
6	金华	金华市农业科学研究院	孙萍
7	金华	浙江师范大学	郭卫东
8	金华	中国农业科学院茶叶研究所	郭华伟
9	金华	浙江省林业科学研究院	杨华

附表 3-3 浙江省科技特派员工作先进集体名单

序号	推荐单位	推荐先进集体
1	金华市科学技术局	磐安县科学技术局
2	金华市科学技术局	金华市农业科学研究院
3	金华市科学技术局	武义县科学技术局

附录四 2023 年度省"尖兵领雁"项目

序号	项目名称	项目承担单位	项目负责人	区域
一、"尖兵"计划项目					
1	深海作业机械臂关键技术与设备	浙江凯富博科科技有限公司	王滨海	金华科技城
2	高性能钕铁硼磁体强韧化关键技术研发及产业化	浙江英洛华磁业有限公司	何剑锋	东阳市
3	非晶/纳米晶软磁粉末关键制备工艺及成套设备	横店集团东磁股份有限公司	董江群	
4	丘陵山地乘坐式插秧机研发与应用	浙江星莱和农业装备有限公司	张宝欢	永康市
5	丘陵山地智能高效中小型履带拖拉机研发与产业化	浙江四方股份有限公司	胡华东	
6	面向工业母机制造的高精度数控龙门导轨磨床整机研发及应用	浙江杭机股份有限公司	秦炜	浦江县
二、"领雁"计划项目				
7	癫痫、双相情感障碍、抑郁症、自闭症的易感基因和药物基因组学研究与应用	浙江大学国际健康医学研究院	方嘉佳	义乌科技城
8	高碳行业碳减排关键技术和装备研发－造纸行业碳减排关键技术和装备开发	浙江华川实业集团有限公司	陈婷	
9	处理典型医药废水的高效新型 Fenton+ 膜分离耦合技术研发及示范	浙江师范大学	赵雷洪	师大创新城
10	生物大分子检测用超高效液相色谱－高分辨质谱联用仪研发及应用	浙江月旭材料科技有限公司	薛昆鹏	中央创新城
11	基于全新 AR 二聚化位点的抗前列腺癌新药 DIP-1018 的临床前研究	浙江大学金华研究院	盛荣	中央创新城
12	丘陵山地电动履带动力底盘的研发与应用	浙江绿源电动车有限公司	张芳勇	
13	面向特色产业的关键短板装备"智能一代"技术研究及应用－航空航天用特种钢棒/线材大型精密智能化三辊减定径机组关键技术研究及应用	浙江朋诚科技有限公司	王勇伟	东阳市

序号	项目名称	项目承担单位	项目负责人	区域
14	果园全场景自主作业系统及装备研发	浙江博来工具有限公司	郑 涛	武义县
三、科技合作项目				
15	秦巴山区茶园茶叶籽增产及资源化利用技术研究与示范	金华市农业科学研究院（浙江省农业机械研究院）	袁名安	市 属

附录五　2024年浙中科创走廊

序号	项目名称	建设规模和内容	建设地点	起止年份	总投资/亿元	2024年计划投资/亿元	2024年形象进度	项目业主	建设性质	开工时间（计划）	完工时间（计划）
1	浙江大学金华研究院	研究院3个院区，办公科研场地逾5万平方米，引进各类专业人才230余人	金华市	2021—2026	10.0	1.0	主体完成60%	金华市人民政府	续建	已开工	2026年12月
2	金华产业光源	"金华产业光源"大科学装置，服务覆盖浙中多产业和学科，包括先进材料、制药、芯片设备、环保、高精尖仪器、机械和物理、化学、化工、生命科学	金华市	2023—2030	25.0	1.0	完成金华产业光源地块研究及概念性设计	金义新区人民政府	续建	已开工	2030年12月
3	师大创新城项目（一期）	总建筑面积约17.8万平方米。建成后完善"创业苗圃+孵化器+加速器"的创新创业孵化链，打造高能级科创孵化平台	金华市婺城区	2023—2025	10.5	1.8	完成主体工程建设	金华市金婺实业有限公司	续建	已开工	2024年8月
4	兰溪高新区新能源电驱动系统科创园	总建筑面积3.2万平方米，拟建设盘毂动力电驱动系统企业研究院等研发中心	金华市兰溪市	2024—2027	10.0	1.5	开工建设	浙江盘毂动力科技有限公司	新建	2024年5月	2027年5月
5	高端药物研发设计制造服务平台建设项目	总建筑面积10.5万平方米，以免疫细胞治疗、干细胞治疗等前沿领域为基础研究方向，建设医药定制研发服务平台，重点开发生物基高分子材料、生物基绿色化学品、多肽药物等	金华市东阳市	2020—2026	15.1	2.0	完成308、309车间生产线建设，完成305车间主体结构建设	浙江普洛家园药业有限公司	续建	已开工	2026年12月

附录五
2024 年浙中科创走廊十大标志性项目基本情况

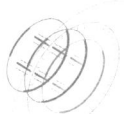

十大标志性项目基本情况

阶段性计划目标（文字描述进度安排）											
第一季度			第二季度			第三季度			第四季度		
1月	2月	3月	4月	5月	6月	7月	8月	9月	10月	11月	12月
完成投资额0.1亿元	设备采购,完成投资额0.1亿元	设备采购,完成投资额0.1亿元	完成投资额0.07亿元	设备采购,完成投资额0.11亿元	完成投资额0.07亿元	完成投资额0.08亿元	完成投资额0.08亿元	完成投资额0.08亿元	完成投资额0.07亿元	完成投资额0.07亿元	完成投资额0.07亿元
优化金华产业光源地块研究及概念性设计	优化金华产业光源地块研究及概念性设计	优化金华产业光源地块研究及概念性设计	撰写"浙江（金华）产业光源"项目建设书	撰写"浙江（金华）产业光源"项目建设书	完成"浙江（金华）产业光源"项目建设书	启动"浙江（金华）产业光源"预研项目,完成各子项的工程设计	启动"浙江（金华）产业光源"预研项目,完成各子项的工程设计	推进"浙江（金华）产业光源"预研项目,完成各子项的工程设计	完成"浙江（金华）产业光源"预研项目,完成各子项的工程设计,陆续启动设备采购	完成"浙江（金华）产业光源"预研项目,完成各子项的工程设计,陆续启动设备采购	完成"浙江（金华）产业光源"项目建设书,并争取向国家发展改革委提交窗口指导
1号楼、2号楼、3号楼装修	1号楼、2号楼、3号楼装修	1号楼、2号楼、3号楼装修	4号楼、5号楼、6号楼装修,配套道路建设	4号楼、5号楼、6号楼装修,配套道路建设	4号楼、5号楼、6号楼装修,配套道路建设及绿化工程	7号楼、8号楼装修,配套绿化工程	7号楼、8号楼装修,配套绿化工程	/	/	/	/
项目审批手续办理	项目审批手续办理	项目审批手续办理	项目审批手续办理	主体建筑施工建设	主体建筑施工建设	主体建筑施工建设	主体建筑施工建设	主体建筑施工建设	主体建筑施工建设	主体建筑施工建设	主体建筑施工建设
302、303车间设备调试,完成308、309车间剪力墙施工	302、303车间完成设备调试,308、309车间内部装修	302、303车间试运行,308、309车间内部装修	308、309车间设备安装	308、309车间设备安装	308、309车间设备安装,305车间桩基施工	308、309车间设备安装,305车间地基基础施工	308、309车间设备安装,305车间1~2层土建	308、309车间设备安装,305车间3~5层土建	308、309车间设备安装,305车间结顶	308、309车间设备安装,305车间剪力墙施工	308、309车间设备调试,305车间装修

序号	项目名称	建设规模和内容	建设地点	起止年份	总投资/亿元	2024年计划投资/亿元	2024年形象进度	项目业主	建设性质	开工时间（计划）	完工时间（计划）
6	义乌数字经济创新平台	总建筑面积约15万平方米，新建研发中心、公共服务中心、相关配套工程等，主要发展数字产品制造业，打造数字经济产业集聚地	金华市义乌市	2024—2025	7.0	1.0	主体工程完成60%	义乌市聚合双圆数字科技有限公司	新建	2024年3月	2026年3月
7	国家林草装备科技创新园（一期）项目	主要建设展示中心、林草装备研究院（农林机械研发中心）、农林机械检测中心（农林机械培训中心）等	金华市永康市	2022—2025	18.6	3.0	完成总工程量70%	永康市农机产业园开发有限公司	续建	已开工	2025年3月
8	浦江县产业科创园建设项目	总建筑面积43.8万平方米，园区建成后集科技研发、创新服务和人才服务于一体，打造综合型科创服务园区	金华市浦江县	2024—2027	23.7	3.0	主体工程建设	浦江县城投万融科技服务有限公司	新建	2024年9月	2027年12月
9	武义县新能源研发科创中心建设项目	总建筑面积22万平方米，新建研发实验室、科创中心及其配套设施等，引进孵化高新数字技术企业，聚集创新资源	金华市武义县	2024—2028	8.3	2.0	项目开工建设	武义经开产业发展投资集团有限公司	新建	2024年4月	2028年12月
10	中科未来城	总建筑面积约9万平方米。该项目为新能源、新材料等方向的科创孵化平台，建设内容包括孵化园区、研发中心、信息服务中心、试验实验室等	金华市磐安县	2024—2026	7.0	1.0	主体工程完成50%	中科未来科技产业发展（磐安）有限公司	新建	2024年1月	2027年2月

附录五
2024 年浙中科创走廊十大标志性项目基本情况

续表

阶段性计划目标（文字描述进度安排）											
第一季度			第二季度			第三季度			第四季度		
1月	2月	3月	4月	5月	6月	7月	8月	9月	10月	11月	12月
完成方案文本审批	完成施工总包招标	完成项目开工	主体施工	主体施工	主体施工	主体施工	主体施工	主体施工	主体施工	主体施工	主体施工
完成总工程量20%	完成总工程量22%	完成总工程量25%	完成总工程量30%	完成总工程量35%	完成总工程量40%	完成总工程量45%	完成总工程量50%	完成总工程量55%	完成总工程量60%	完成总工程量65%	完成总工程量70%
初步设计、概算，测绘、检测单位报批	一期施工图设计及内审	施工图送审，预算	预算及预算内审	工程预算评审	工程预算评审。施工、监理招标文件内审	预算评审内审完成，主体工程招标	办理施工许可证	一期主体工程开工建设	一期的基础完成40%	一期的基础完成80%	完成一期的基础
招标	签订合同	开工前准备工作	一期项目开工	基础施工	基础施工	主体施工	研发科创中心一期项目推进实施	研发科创中心一期项目推进实施	研发科创中心一期项目推进实施	研发科创中心一期项目推进实施	研发科创中心一期项目推进实施
基础施工	基础施工	基础施工	基础施工	基础施工	基础施工	基础施工	基础施工	主体工程10%	主体工程30%	主体工程45%	主体工程50%

125

附录六 2023年县（市、区）专利与PCT情况

附表6-1 县（市、区）专利授权情况　　　　　　　　　　单位：件

县（市、区）	1—12月专利授权量	同比	1—12月发明专利授权量	同比
婺城区	1880	-4.18%	453	27.61%
金义新区	3007	-4.75%	247	26.02%
兰溪市	2019	-10.82%	239	-6.64%
东阳市	2841	-17.44%	395	10.34%
义乌市	9234	-10.58%	403	-30.87%
永康市	9887	-15.73%	353	-1.12%
浦江县	1672	-17.10%	106	3.92%
武义县	4057	-9.74%	172	2.38%
磐安县	670	-24.12%	39	-29.09%
开发区	2575	-11.78%	423	20.17%
合计	37 842	-12.40%	2830	1.73%

附表6-2 县（市、区）PCT申请情况　　　　　　　　　　单位：件

县（市、区）	1—12月PCT申请量
婺城区	6
金义新区	29
兰溪市	17
东阳市	80
义乌市	11
永康市	13
浦江县	1
武义县	38
磐安县	2
开发区	5
合计	202

附表 6-3　各县（市、区）有效发明数　　　　单位：件

县（市、区）	截至 12 月底有效发明专利数
婺城区	1914
金义新区	1021
兰溪市	1169
东阳市	3440
义乌市	3625
永康市	1912
浦江县	1047
武义县	911
磐安县	491
开发区	1762
合计	17 292